KB151595

사이언스 갤러리
003

인공 지능은 뇌를 닮아 가는가

사이언스 갤러리
003

인공 지능은 뇌를 닮아 가는가

유신 지음

사이언스 갤러리 003

인공 지능은 뇌를 닮아 가는가

지은이 유신
펴낸이 이리라

편집 이여진 한나래
본문 디자인 에디토리얼 렌즈
표지 디자인 엄혜리

2014년 12월 10일 1판 1쇄 펴냄
2017년 11월 10일 1판 3쇄 펴냄

펴낸곳 컬처룩
등록 2010. 2. 26 제2011–000149호
주소 03993 서울시 마포구 동교로 27길 12 씨티빌딩 302호
전화 070.7019.2468 | 팩스 070.8257.7019 | culturelook@hanmail.net
www.culturelook.net

ISBN 979–11–85521–13–8 04400
ISBN 979–11–85521–02–2 04400(세트)

* 이 도서의 국립중앙도서관 출판예정도서목록(CIP)은 서지정보유통지원시스템 홈페이지(http://seoji.nl.go.kr)와 국가자료공동목록시스템(http://www.nl.go.kr/kolisnet)에서 이용하실 수 있습니다. (CIP제어번호: CIP2014032422)

culturelook

'인공 지능'이라는 말을 들으면 대부분 SF 영화에 단골로 등장하는 존재가 가장 먼저 떠오를 것이다. 그들은 인간과 구분하기 어려울 정도로 닮은 행동을 하지만 감정이 결여된 존재여서 결국엔 인간이라면 상상도 할 수 없는 재앙을 초래하기 일쑤다. 이렇듯 우리에게 인공 지능은 대개 차가운 이미지로 다가온다.

스탠리 큐브릭Stanley Kubrick 감독이 1968년에 만든 〈2001 스페이스 오디세이2001: A Space Odyssey〉에 등장하는 인공 지능 컴퓨터 HAL 9000은 영화사에서 최초로 인공 지능이 강렬한 인상을 남긴 사례일 것이다. 그는 임무에 관련된 비밀을 지키기 위해 우주선에 탑승한 우주인들을 살해한다. 이후 우리가 이해하지 못하는 괴물을 만들고 만 것이 아닌가 하는 두려움은, 오직 사라 코너를 죽이는 것만을 목표로 움직이는 〈터미네이터The Terminator〉(1984)의 로봇 암살자를 거쳐 리들리 스콧Ridley Scott 감독의 〈프로메테우스Prometheus〉(2012)에 등장하는 의중을 짐작하기 힘든 로봇 데이비드에게까지 계속 이어져 왔다. 물론 인간이, 인간이 만든 '지능'에 의해 되레 역습을 받을지도 모른다는 '공포'는 프랑켄슈타인 박사가 만든 인조인간으로까지 거슬러 올라갈 수 있다. 반면 따뜻한 감성을 지닌 로봇을 그린 영화도 간간이 있었다. 이들은 인간에 비해 스스로에게 무언가가 결핍돼 있다는 느낌을 가지고 영화 속 삶을 살았다. 〈블레이드 러너Blade Runner〉(1982)의 리플리컨트(복제 인간) 로이 배티, 〈A.I.〉의 소년 로봇 데이비드, 심지어 종교적 영성을 갈구하는 TV 시리즈 〈배틀스타 갤럭티카Battlestar Galactica〉의 인조인간 사일런들이 그들이다.

그렇다면 실제로 우리의 인공 지능 연구는 영화 속 로봇이나 컴퓨터와 비교했을 때 어디까지 와 있을까? 인공 지능이란 우리가 매일 사용하는 컴퓨터 소프트웨어와 근본적으로 다른 것일까? 인공 지능은 과연 치명적인 위험을 초래하는가? 이렇게 자문하다 보면 결국 근원적인 질문에 다다르게 된다. 컴퓨터가 생각을 한다는 것은 대체 무슨 뜻일까?

이 책은 이러한 질문들에 답해 보고자 하는 의도에서 기획되었다. 왜 컴퓨터가 인공 지능과 떼려야 뗄 수 없는 관계인지를 비롯해 인공 지능의 역사에 중요한 역할을 한 개념들을 알아본다. 또한 역사적인 순간을 조명하면서 관련 과학자들의 연구 성과도 보여 줄 것이다.

1장은 생각하는 기계를 꿈꿨던 고대의 신화에서부터, 컴퓨터 과학의 단초를 제공한 계몽주의 시대, 인공 지능의 아버지 앨런 튜링의 시대를 거쳐 2차 세계 대전 이후 두 번의 혹독한 암흑기를 이겨낸 인공 지능 연구의 역사를 살펴본다. 2장은 인공 지능은 물론 컴퓨터 과학 전체의 토대가 되는 계산 이론이란 무엇인지, 그리고 지능과 인공 지능의 경계는 무엇인지 알아본다. 3장은 인공 지능 연구에 큰 영향을 끼친 계산주의와 연결주의라는 두 가지 관점을 중심으로 컴퓨터가 지능을 가진다는 것이 어떤 의미를 지니는지를 좀 더 깊이 탐구한다. 4장에서는 인공 지능 역사에서 중요한 역할을 한(인간뿐 아니라 인공 지능 프로그램도 포함해) 인물들의 이야기를 다룬다. 마지막으로 5장에서는 왜 인공 지능을 연구하는지 돌아보고, 현재 가장 큰 기대를 모으고 있는 인공 지능 프로젝트가 무엇인지 알아본다.

●●●

인공 지능에 관한 단행본을 출간해 보지 않겠느냐는 제안을 받은 것은 우리 부부의 첫 아이가 태어나고, 또 내가 조교수로 처음 부임한 해였다. 원고를 써 나가면서 몇 차례의 시행착오를 겪었지만 다행히 무사하게 끝낼 수 있었다. 게다가 곁에서 '자연' 지능이 성장하는 모습을 지켜보면서 '인공' 지능에 대해 생각하고 글을 쓰는 것은 더할 나위 없이 값진 경험이었다.

책의 내용과 관련해 나에게 새로운 생각을 안겨주기도 하고 내 질문에 친절하게 답해준 동료 마크 하먼Mark Harman, 빌 랭던Bill Langdon, 제리 스완Jerry Swan, 데이비드 화이트David White, 조너선 울프Jonathan Wolfe에게도 감사를 표한다. 집필에 유용하게 사용한 소프트웨어를 흔쾌히 빌려주신 염성욱 님, 자료 확인에 도움을 주신 박수지 님, 그리고 초고를 읽고 부족한 점을 지적해 준 권정민 님과 최윤내 님에게도 감사드린다. 마지막으로 바쁜 일상을 쪼개 집필을 위한 시간까지 할애해야 했던 남편이자 아빠를 기다려 준 아내 미라와 아기 이안에게 감사와 사랑을 전한다.

차례

일러두기

- 한글 전용을 원칙으로 하되, 필요한 경우 원어나 한자를 병기하였다.
- 한글 맞춤법은 '한글 맞춤법'및 '표준어 규정'(1988), '표준어 모음'(1990)을 적용하였다.
- 외국의 인명, 지명 등은 국립국어원의 외래어 표기법을 따랐으며, 관례로 굳어진 경우는 예외를 두었다.
- 사용된 기호는 다음과 같다.

  영화, TV 프로그램, 신문 및 잡지 등 정기 간행물: 〈 〉

  책(단행본): 《 》

인공 지능은
뇌를
닮아 가는가

장소: 사이언스 갤러리

초대권

인공 지능의 발달

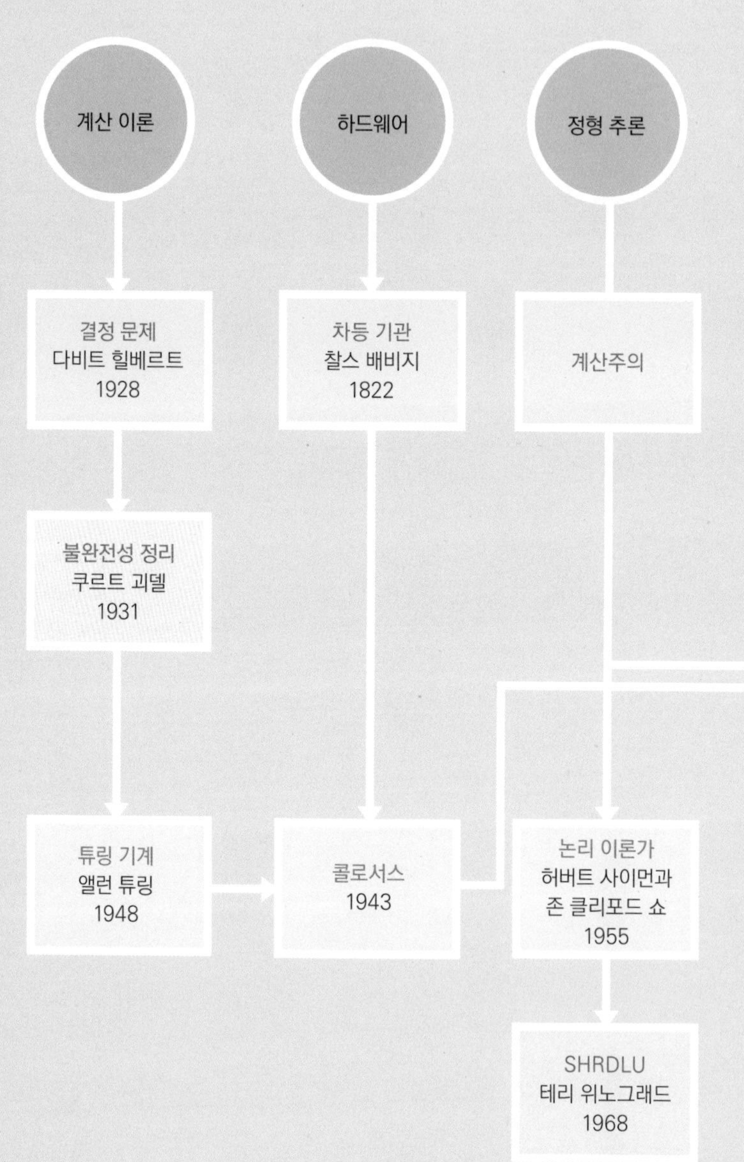

Artificial Intelligence

AI

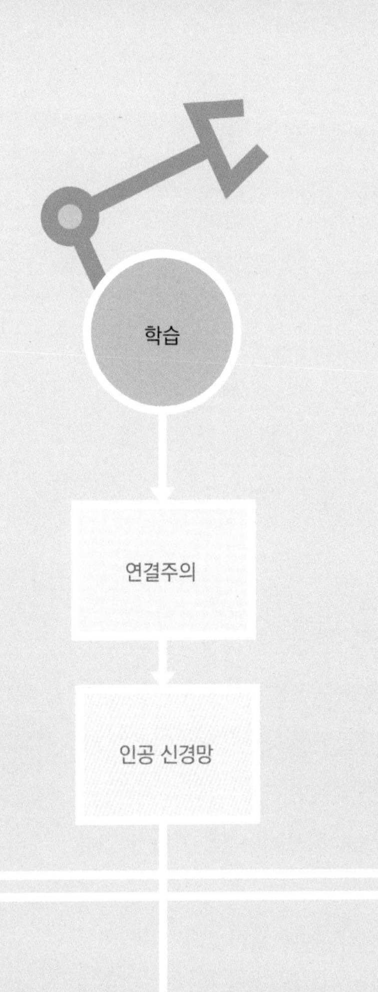

학습

연결주의

인공 신경망

심화 학습

응용 프로그램

일라이자
요제프 바이첸바움
1966

딥 블루
IBM
1997

왓슨
IBM
2011

시리
애플
2011

프롤로그

인공 지능은 사람처럼 생각하고 문제를 해결하는 하드웨어나 소프트웨어, 혹은 그 혼합물을 말한다. 인공 지능의 이론적 가능성을 처음 엿보게 한 것은 앨런 튜링의 튜링 기계였다. 튜링은 기계를 이용해 일반적인 계산을 수행하는 방법과 그 한계에 대한 이론적인 토대를 닦았다. 튜링은 계산 이론을 통해 인공 지능은 물론 오늘날 우리가 이용하는 컴퓨터의 작동 형태를 예견했다.

많은 사람들이 생각하는 것과 달리 컴퓨터의 개발보다 인공 지능의 연구가 더 먼저 이루어졌다. 일종의 '사고 실험thought experiment'으로만 존재하던 튜링 기계가 실제로 작동하는 하드웨어, 즉 컴퓨터로 개발된 것은 2차 세계 대전이 한창이던 1940년대의 일이다. 하지만 하드웨어가 개발되기 전부터 학자들은 계산 이론을 통해 인공 지능의 가능성을 보았다. 처음에는 기계가 숫자는 물론 논리적인 기호를 다룰 수 있다는 것 자체만으로도 지능에 가까이 다가간 것으로 여겼다. 인공 지능 역사의 초기는 장밋빛 기대로 가득차 있었다. 인공 지능이라는 용어를 처음으로 사용한 다트머스학회에 모인 학자들은, 10년 안에 사람처럼 생각하는 기계를 만들 수 있다고 굳게 믿었다.

하지만 이러한 낙관은 그리 오래가지 못했다. 간단한 기호 체계를 기계적으로 다루는 것은 별 문제가 없었지만, 우리가 사는 실제 세계는 기호로 대체하기엔 너무나 복잡했다. 이를 다룰 수 있는 컴퓨터의 계산 능력도 아직 턱없이 모자랐다. 철학자들은 과연 기계도 생각한다는 것이 무슨 뜻이냐고 반문했다. SHRDLU나 일라이자 같은 유명한 인공 지능 응용 프로그램이 개발되기는 했지만 대부분 뚜렷한 한계가 있었고, 실제로 생각을 한다기보다는 생각하는 흉내를 내는 것 같았다. 낙관은 사그라졌고, 연구비는 삭감되었다.

인간과 동등한, 더 나아가 인간을 능가하는 지능을 만들겠다는 목표는 지나치게 야심 찬 것이었다. 초기에 보인 장밋빛 낙관주의를 부끄럽게 여기기라도 하듯이, 이후 주류 인공 지능 연구의 흐름은 이 거대한 문제를 더 작은 문제로 쪼개는 데 골몰했다. 그 결과 세분화된 분야들이 큰 발전을 이루게 되었다. 섬세하게 잘 정의된 문제를 푸는 능력은 기계 학습이나 고차 발견법 알고리즘을 통해 오래전에 인간을 추월했다. 하지만 실용성과 경제성을 우선하는 이 접근 방법은 지능을 인공적으로 창조하겠다는 애초의 낭만적인 기획은 뒷전으로 밀어내고, 컴퓨터의 빠른 연산 능력을 중시하기 시작했다. 더 지능적으로 되기보다는 단순히 더 빨리 더 많은 계산을 함으로써 인간을 앞지르

려고 한 것이다. 예를 들면, 상상조차 할 수 없는 많은 경우의 수를 미리 계산해 체스 챔피언을 물리친 IBM의 딥 블루가 그렇다고 할 수 있다. 하지만 철학자들의 말을 빌릴 필요도 없이, 과연 딥 블루가 체스를 둘 줄 안다고 할 수 있을까?

현재 인공 지능 연구는 또 한 번의 기지개를 켜는 중이다. 21세기가 인공 지능을 바라보는 관점은 60여 년 전과 사뭇 다르다. 이제 우리는 지능이 한 번에 잘 설계해서 만들 수 있는 소프트웨어가 아니라, 방대한 경험과 반복된 학습을 통해 개발되는 능력에 가깝다는 것을 안다. 신경과학의 발전은 인공 지능 이전에 우리 뇌가 가진 지능의 작동 방법을 들여다볼 수 있는 창을 제공했다. 컴퓨터 하드웨어와 인터넷의 발달은 연산 능력과 학습에 필요한 자료의 양을 기하급수적으로 늘려 주었다. 구글과 같은 인터넷 기업들이 이른바 심화 학습 알고리즘에 과감한 투자를 시작하면서 인공 지능 연구는 다시 한 번 붐을 맞고 있다. 과연 이번에는 초기의 연구자들이 믿었던 인간과 닮은 지능을 만들어 낼 수 있을까? 이 질문에 답하기 위해 고대에서부터 현대에 이르는 인공 지능의 역사를 간략히 되짚어 보는 것으로 시작해 보자.

불과 몇 년 사이에 스마트폰, 즉 기계에게 말로 질문을 하고 의미 있는 대답을 기다리는 것이 어색하지 않게 되었다. 인공 지능이 우리 곁에 이만큼 가까이 온 데는 컴퓨터 과학자는 물론 수백 년에 걸친 수학자와 철학자들의 노고가 컸다. 신화와 전설에서부터 시작된 인공 지능의 개념이 컴퓨터의 힘을 빌려 실제로 구현되기까지의 과정을 알아보자.

➡ 인류는 오래전부터 인간처럼 생각하고 살아 움직이는 존재를 창조해 내고자 했다. 르네상스 시대의 레오나르도 다 빈치도 그러했다. 당시의 기술로는 제작이 불가능했던 갑옷을 입은 기사 로봇은 다 빈치의 스케치가 발견된 뒤 현대에 재현되어 실제로 작동이 가능하다는 것이 입증됐다.

1 전시실

인공 지능의 역사

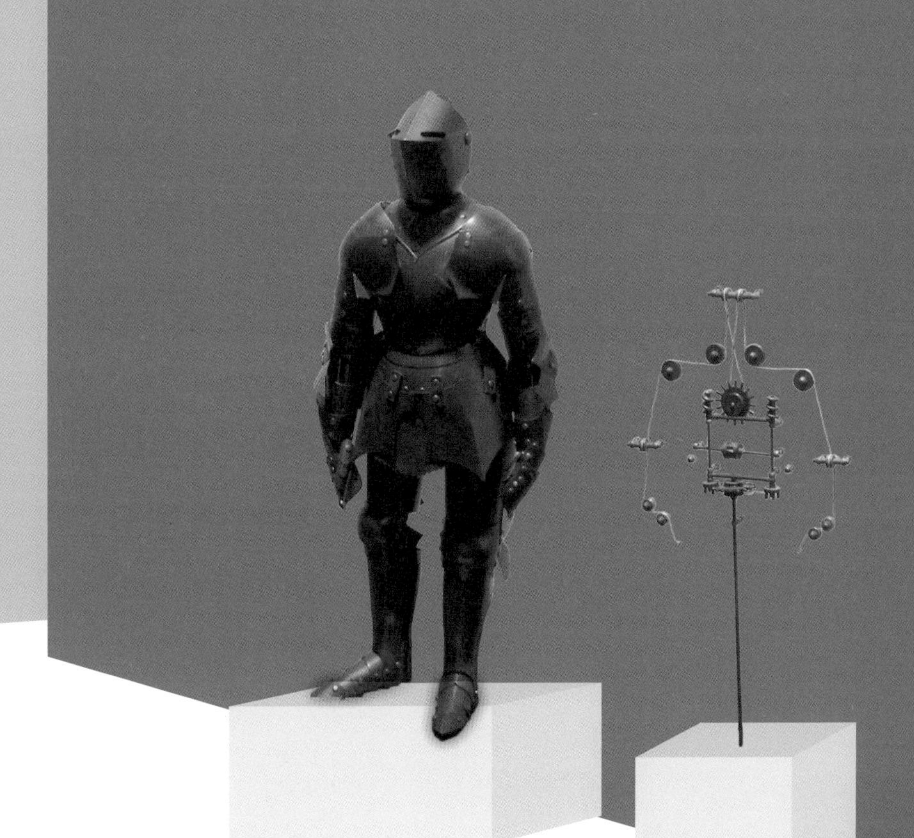

계몽주의 시대 철학자와 수학자들은 인간의 사고를 신성하거나 영적인 것이 아닌 냉철하고 기계적인 기호 체계의 조작으로 보기 시작했다. 이들의 견해는 20세기 들어 컴퓨터가 만들어지면서 실제로 작동하는 기계의 모습으로 나타난다. 앨런 튜링이 고안한 튜링 기계는 우리가 아는 모습의 컴퓨터에 이론적 토대가 되었다. 힐베르트의 결정 문제에 답하기 위한 방편으로 고안한 사고 실험에서 시작한 튜링 기계는 2차 세계 대전을 거치면서 상용화된 컴퓨터로 전광석화처럼 발전하게 된다. 초기 컴퓨터를 마주한 대부분의 수학자들은 기계가 다양한 계산을 수행할 수 있다는 점을 이미 지능에 근접한 것으로 보았고, 인공 지능이 인간의 능력을 추월하는 시점이 머지않았다고 예측했다. 하지만 인공 지능의 발전은 생각보다 더뎠고, 예측은 여러 차례 빗나갔다. 몇 차례에 걸쳐 컴퓨터의 계산 능력이 인간을 꺾은 바가 있음에도 불구하고 아직 사람처럼 생각하는 인공 지능이 만들어졌다고 믿는 사람은 없다.

1685

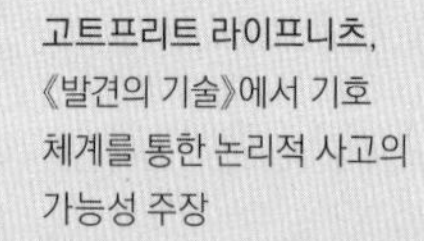

고트프리트 라이프니츠, 《발견의 기술》에서 기호 체계를 통한 논리적 사고의 가능성 주장

다비트 힐베르트,
'결정 문제' 제시

앨런 튜링과 알론조 처치,
결정 문제의 해결이 불가능함을 입증. 사고 실험을 통한 '튜링 기계'의 등장

Artificial Intelligence

AI

다트머스학회에서
'인공 지능'이라는 용어를 처음 사용

1928 1936 1943 1956 1997 2011

독일군의 암호를 해독하기 위해 영국이 프로그램 가능한 최초의 전자식 디지털 컴퓨터 '콜로서스' 제작

IBM의 체스 컴퓨터 '딥 블루'가 그랜드마스터 게리 카스파로프를 상대로 승리

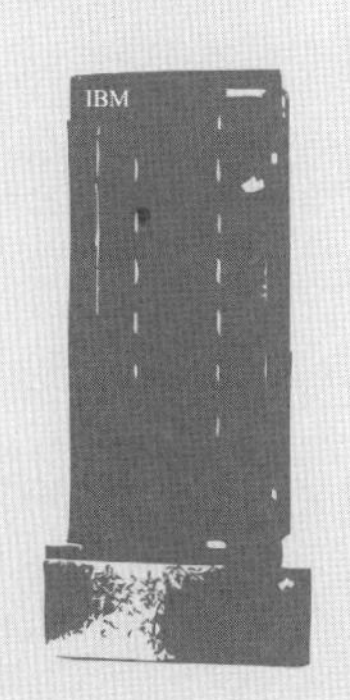

애플이 아이폰에 자연 언어 기반의 개인 비서 '시리' 도입

IBM의 슈퍼컴퓨터 '왓슨'이 TV 퀴즈쇼 〈제오파디〉에 출연해 인간 챔피언 두 명을 상대로 승리

> 나는 우리와 로봇의 관계가 개와 우리의 관계처럼 된 미래를 상상해 본다. 나는 기계 편이다.

클로드 섀넌Claude Shannon●

컴퓨터 이전의 인공 지능

나와 닮은 무언가를 만들고 싶다

오늘날 인공 지능은 컴퓨터와 로봇으로 쉽게 연상된다. 컴퓨터가 등장하기 이전에도 인공 지능이 있었을까? 나와 닮은 무엇인가를 만들고 싶다는 인간의 욕구는 우리는 어디에서 왔는가라는 질문만큼이나 인간에게 원초적인 본능이다. 오랜 전설과 신화를 보면 생각하고 살아

● 클로드 섀넌(1916~2001)은 미국의 수학자이자 컴퓨터 과학자이며 정보 이론의 창시자이기도 하다. 2차 세계 대전 때 벨 연구소에서 암호학을 연구하던 중 앨런 튜링을 만나게 되어 보편 튜링 기계 연구를 접하고 영향을 받는다. 인공 지능 분야가 생겨나기도 전인 1950년에 〈체스를 두는 컴퓨터 프로그램Programming a Computer for Playing Chess〉이라는 논문을 발표했는데, 이 논문은 이후 인공 지능 체스 알고리즘의 이론적 기반이 되었다.

움직이는 존재를 창조해 내는 이야기가 나온다.

오비디우스의 《변신 이야기Metamorphosis》에는 자신이 만든 조각상을 사랑하게 된 조각가 피그말리온의 이야기가 나온다. 그는 이 조각상에 갈라테아('우유처럼 흰 그녀'라는 뜻)라는 이름을 붙인다. 피그말리온은 비너스에게 '내가 만든 조각과 똑같은' 신부를 만나게 해달라고 청한다. 신전에서 집으로 돌아온 피그말리온은 조각상이 살아 움직이게 된 것을 발견하고 결혼해서 행복하게 산다. 이 이야기는 수많은 예술가들에게 영감을 불어 넣었다.• 그리스 신화에는 갈라테아 말고도 인공 지능이나 로봇에 해당하는 존재들이 적지 않다. 이카로스의 아버지이자 발명의 대가인 다이달로스는 크레타의 왕 미노스에게 청동으로 만든 거인 탈로스를 선물하는가 하면, 대장장이와 장인들의 신 헤파이스토스의 대장간에는 반복적인 일을 도맡아 하는 로봇들이 있다. 초기 유대교 경전에는 사람의 형상을 하도록 흙으로 빚어 만든 골렘의 이야기가 나온다. 이 이야기의 모티브는 훗날 프라하의 랍비 뢰브 벤 베자렐이 핍박받는 유대인들을 구하기 위해 골렘을 만든다는 유명한 전설로 이어진다. 중세의 연금술사들은 황금뿐 아니라 생명체도 합성해 낼 수 있다고 믿었다. 16세기 과학자이자 신비주의자인 파라켈수스Paracelsus(1493~1541)는 인간의 정자를 배양하면 호문쿨루스Homunculus(작은 크기의 사람)를 만들 수 있다고 믿었다.

기원전 3~4세기 중국 전국 시대에 쓰여진 것으로 추정되는 《열

• 조지 버나드 쇼George Bernard Shaw는 이 모티브를 차용해 《피그말리온Pygmalion》이라는 희곡을 썼다. 여기에 등장하는 주인공의 이름인 일라이자는 인공 지능 역사에 한 획을 긋는 프로그램의 이름이 된다. 인공 지능 프로그램 일라이자는 3장에서 더 자세히 다룬다.

괴테의 《파우스트》에 실린 그림. 파우스트의 학생이었던 바그너가 연금술 실험실에서 호문쿨루스를 만드는 모습이다.

자列子》에는 장인 언사偃師가 실물 크기의 인조인간을 만들어 주周나라 목왕穆王에게 바쳤는데 걷고 노래하며 춤출 수 있었다고 한다. 우리에게 친숙한 나관중羅貫中의 소설 《삼국지연의三國志演義》에는 제갈량諸葛亮이 북벌을 하면서 목우木牛와 유마油馬를 만들어 군량을 운반했다는 이야기가 나온다. 정사에 언급된 목우와 유마는 소와 말의 모양을 한 외바퀴 수레라고 밝혀져 있지만 소설에 등장하는 목우유마는 제갈량의 능력을 돋보이게 하기 위해 마치 로봇처럼 묘사되어 있다. 12세기의 이슬람 학자 알 자자리al Jazari(1136~1206)는 동물의 형상을 한 시계 장치와 함께 악기를 연주하거나 연회에서 술을 따르는 사람 모습의 로봇을 만들었다고 전해진다. 르네상스에 이르면 레오나르도 다 빈치Leonardo da Vinci(1452~1519)가 남긴 다양한 로봇 디자인을 만날 수 있다. 다 빈치가 고안한 사자 로봇은 프랑스 프랑수아 1세의 궁정에 선물

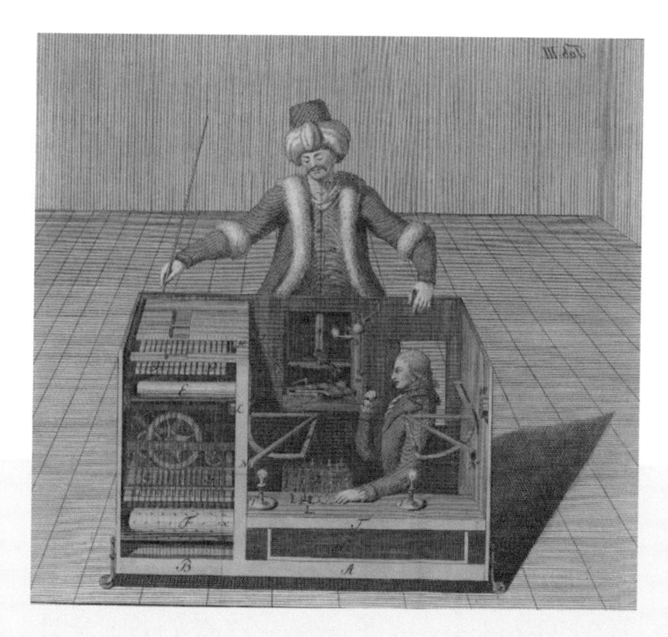

칼 고트리프 폰 빈디슈Karl Gottlieb von Windisch의 《움직이지 않는 이성Inanimate Reason》에 실린 기계 터키인 그림.

로 보내져 큰 인기를 끌었다.● 당시의 기술로는 제작이 불가능했던 갑옷을 입은 기사 로봇은 다 빈치의 스케치가 발견된 뒤 현대에 재현되어 실제로 작동이 가능하다는 것이 입증됐다.

18세기 유럽의 궁정을 깜짝 놀라게 한 발명품 중에는 체스를 두는 기계 터키인Mechanical Turk이 있었다. 헝가리의 귀족 볼프강 폰 켐펠렌Wolfgang von Kempelen이 고안한 기계 터키인은 오스트리아 마리아 테레지아 여왕의 궁전에서 선보인 이후 큰 인기를 끌어 온 유럽에 전시되었으며, 1809년에는 황제에 등극해 비엔나를 방문한 나폴레옹 보

● 레오나르도 다 빈치의 사자 로봇에 관한 다음 자료를 보라. http://dangerousminds.net/comments/leonardo_da_vincis_incredible_mechanical_lion

나파르트와 대국을 갖기도 했다.[●] IBM이 체스 그랜드마스터에게 승리를 거둔 컴퓨터를 만든 것이 20세기 후반인데 어떻게 된 일일까? 실제로는 기계 터키인 안에 체구가 작은 사람이 들어가 복잡한 기계 장치를 조작해서 체스 말을 움직였다. '기계 터키인'이라는 이름은 오래된 마술 트릭으로 잊혔다가 아마존이 운영하는 크라우드 소싱crowd sourcing[●●] 문제 해결 서비스의 이름으로 부활한다. 원래는 사람이 들어가 지능을 가진 것처럼 꾸민 속임수에 붙었던 이름이, 2세기가 지난 후엔 오히려 인간의 집단 지성을 이용하는 첨단 서비스의 이름이 되었으니 재미있는 아이러니라 하겠다.

레오나르도 다 빈치가 만든 사자 로봇이나, 기계 터키인은 이른바 오토마톤Automaton이라고 불리는 것으로 우리말로 옮기면 자동인형 혹은 자동 장치라고 할 수 있다. 오토마톤은 복잡한 기계 장치를 이용해 사람 혹은 동물의 동작을 그대로 재현하기는 하지만, 기계 장치의 작동 방식이 고정되어 있으므로 매번 같은 동작을 반복할 수밖에 없다. 오토마톤으로 인간과 닮은 존재의 창조를 꿈꿨던 인류는 계몽주의의 도래와 함께 현대의 인공 지능을 향해 성큼 다가서게 된다.

● 일설에 따르면 나폴레옹이 기계 터키인을 시험하기 위해 일부러 여러 번 잘못된 수를 두었고 결국에는 기계 터키인이 체스판을 엎었다고 한다. 반면 다른 기록에 따르면 경기를 마쳤으나 나폴레옹이 졌다고도 한다. 이 대국에서 기계 터키인을 조작한 사람은 당시 오스트리아의 체스 챔피언이었던 요한 밥티스트 알게이어Johann Baptist Allgaier였다.

●● 일반 대중의 자발적인 참여를 통해 문제를 해결하거나 기금을 마련하는 등의 서비스 방식을 말한다.

기호로 생각하기

17~18세기 유럽 지성계를 풍미한 계몽주의는 종교적 전통과 거리를 두고 개인주의적 합리주의와 이성에 대한 믿음을 바탕으로 사회 전반을 재구성하려는 움직임이었다. 미신과 구태를 엄밀한 이성과 논리로 대체하려 했던 노력은 결국 철학과 수학, 과학에 사용되는 언어에 대한 의구심으로 귀결됐다. 일상적인 언어는 합리적인 사상을 피력하기에는 충분히 논리적이지 않다는 것이다. 즉 이성적인 사상을 전개하고 교환하는 데는 일상 언어보다는 기하학이나 대수학과 같이 추상적인 기호를 사용하는 것이 더 낫다는 것이었다. 철학자 토마스 홉스Thomas Hobbes는 《리바이어던Leviathan》(1691)에서 "이성적 사고를 한다는 것은 곧 계산을 한다는 것이다To reason is to reckon"라고 주장했다. 같은 맥락에서 고트프리트 라이프니츠Gottfried Leibniz[•]는 논리적인 기호 체계를 이용하면 철학은 곧 계산이 될 것이라며 다음과 같이 주장했다.

> " 두 명의 회계사가 서로 다툴 일이 없는 것처럼 두 명의 철학자 또한 서로 논쟁할 필요가 없어진다. 각각 공책과 연필을 들고 '자, 계산해 봅시다'라고 하면 그만이기 때문이다. "

기호를 통한 사고를 정형적 추론formal reasoning이라고 한다. 이는 단순히 일상 언어의 단어를 기호로 치환하는 것을 넘어 기호를 조합해 의미를 만들고 이를 기계적으로 조작해서 새로운 의미를 만들어

• 고트프리트 라이프니츠(1646~1716)는 독일의 철학자 · 수학자 · 과학자로 다양한 분야에서 업적을 남겼다. 뉴턴과는 별도로 미적분을 발견했으나 표절 시비에 휘말렸다.

내는 법칙을 포함한다. 예를 들어 대수학은 숫자(1, 2, 3, ……), 연산자(+, −, ……), 변수(a, b, c, ……)를 기호로 사용한다. 어린아이에게 더하기 개념을 처음 가르칠 때는 숫자와 더하기 기호를 사용할 수 없기 때문에 '사과 한 개를 갖고 있는데 엄마가 사과를 또 한 개 주면……'이라는 식으로 일상 언어를 이용해야 한다. 반면 '1+1=2'라는 단순한 산술식은 화자가 사용하는 언어와 관계없이 동일한 개념을 명확하게 표현할 수 있다.

화자가 사용하는 언어와 관계없는 중립적인 표현, 또한 기호를 통해 같은 개념을 훨씬 간략하게 표현할 수 있다는 것은 정형적 기호 체계의 중요한 장점이다. 그런데 인공 지능의 관점에서 더욱 중요한 것은 정해진 규칙만 따르면 기호 체계를 '기계적으로' 조작할 수 있다는 점이다. 중학교 과정의 수학에서 다루는 2차식의 인수분해와 2차 방정식의 해를 구하는 방법이 좋은 예다. 인수분해 공식인 $a^2-b^2 = (a+b)(a-b)$를 떠올려 보자. 문제를 풀 때 매번 해당 공식을 유도해서 계산하지는 않는다. 이 공식을 배우는 까닭은 기계적으로(거의 자동으로) 해당 공식을 적용하기 위해서다. 매번 똑같은 방법으로 공식을 자동으로 적용할 수 있다는 것은, 다시 말하면 해당 기호를 다룰 줄만 알면 기계도 인수분해를 할 수 있다는 뜻이다.

당대의 기술이 가지는 한계에 부딪혀 결실을 맺지는 못했지만 라이프니츠는 '보편 문자'라는 기호 체계를 고안하고 기계식 계산기를 만드는 데까지 관심을 가졌다. 비록 계산할 줄 아는 기계를 만들지는 못했지만, 정형적 추론을 통해 수학과 과학을 수행할 수 있다는 생각은 철학자와 수학자들을 크게 매혹시켰다. 정확한 설명이 불가능한 인간의 직관에 기대지 않고, 또 개인의 지능 차이에 구애받지 않고서 보편적인 논리 체계를 따르는 것만으로도 지식의 지평을 넓힐 수 있다는 것은 야심 찬 기획이 아닐 수 없었다.

이제 질문의 초점은 정형적 기호 체계를 통해서 표현이 가능한 지식은 어디까지이며 정형적 추론이 정말 모든 문제를 해결할 수 있는가로 옮겨간다. 독일의 수학자 다비트 힐베르트David Hilbert[•]가 1928년 국제 수학자 회의(ICM)에서 이른바 결정 문제Entscheidungsproblem를 제시했을 때 알고자 했던 것은 근본적으로 라이프니츠를 괴롭혔던 것과 같은 문제였다. 힐베르트의 결정 문제가 오늘날의 컴퓨터, 그리고 인공 지능으로 이어지는 과정은 수학사의 역설 중 하나다. 다음 장에서 좀 더 자세히 다루겠지만, 괴델의 불완전성 정리와 튜링의 계산 기계는 차례로 라이프니츠와 힐베르트의 이상을 무너뜨렸다. 정형적 추론으로는 절대 답을 구할 수 없는 문제가 존재한다는 것이 증명된 것이다. 이게 왜 역설적인 과정이냐면 결정 문제에 "아니오"라고 답하기 위해 튜링이 구상해 낸 상상 속의 기계, 이른바 보편 튜링 기계Universal Turing Machine가 오늘날 우리가 사용하는 모든 컴퓨터의 청사진을 제시했기 때문이다. 이제 인공 지능은 단순히 상상 속의 존재가 아니다. 보편 튜링 기계는 디지털 컴퓨터라는 형태로 구체화되었고, 인공 지능은 컴퓨터에서 실행되는 소프트웨어로 구현될 수 있게 된 것이다.

• 다비트 힐베르트(1862~1943)는 현대 수학의 아버지로 불린다. 1900년 국제 수학자 회의에서 20세기 수학이 풀어야 할 23개의 수학 문제를 발표해 수학계에 큰 영향을 미친다.

컴퓨터 이후의 인공 지능

튜링, 인공 지능의 서막을 열다

여기서 인공 지능의 역사를 컴퓨터 이전과 이후로 구분하고 있지만, 사실 튜링 이전과 튜링 이후라고 해도 지나친 말이 아니다. 인공 지능의 개념뿐 아니라 우리가 사용하는 컴퓨터가 어떤 계산을 할 수 있는지에 대한 이론적 토대를 쌓은 이가 바로 튜링이기 때문이다. 튜링의 계산 이론과 인공 지능의 관계에 대해서는 다음 장에서 자세히 살펴보기로 한다. 여기서는 우리가 아는 형태의 컴퓨터가 등장한 이후 인공 지능의 역사로 건너뛰어 보자.

튜링의 계산 이론이 실제 기계인 컴퓨터로 구현되는 데 큰 공헌을 한 것은 2차 세계 대전이다. 연합군은 전쟁에서 이기기 위해 다양한 초기 컴퓨터를 연구하는 데 투자를 아끼지 않았다. 영국의 블레츨리 파크Bletchley Park 비밀 연구소에서는 독일군의 암호 체계를 깨기 위해 튜링의 협력하에 콜로서스Colossus라는 컴퓨터가 사용되었다. 미군의 탄도 연구소는 포병들이 사용하는 탄도 예측표를 계산하기 위해 에니악(ENIAC: Electronic Numerical Integrator And Computer)을 개발했다. 1945~1950년 사이의 초기 컴퓨터들은 어떤 기계가 최초로 무엇을 했는지 순서를 결정하는 것이 쉽지 않을 정도로 빠르게 진화를 거듭했다.

다트머스학회, 그리고 낙관의 시대

역사상 최초로 제조사에서 설계된 후 판매된 상업용 컴퓨터는 1951년 영국의 맨체스터 대학에 납품된 페란티 마크 1Ferranti Mark 1으로 알려져 있다. 하드웨어와 소프트웨어가 분리되어 같은 기계로 다양한 계산 및 업무를 처리할 수 있는 이 새로운 (범용) 컴퓨터의 능력은 금세 업계의 관심을 끌었다. 1950년대 중반에 이르면 우리에게 친숙한 IBM을 비롯해 많은 회사들이 컴퓨터를 생산 및 판매하기 시작한다.

인공 지능 연구는 상용 컴퓨터가 생산되기 시작한 컴퓨터 역사의 초기까지 거슬러 올라간다. 순서상으로만 보자면 인공 지능 연구는 우리에게 친숙한 그래픽 사용자 인터페이스Graphic User Interface• 나 개인용 컴퓨터보다 수십 년 먼저 시작된 것은 물론이고, 소프트웨어를 만드는 데 사용하는 프로그래밍 언어에 대한 이론과 도구가 정립된 시점보다도 더 앞서 있다. 소프트웨어를 만드는 방법 자체보다 소프트웨어로 지능을 흉내 내려는 시도가 더 빨랐다니 뭔가 앞뒤가 뒤바뀐 것처럼 보일지도 모르겠다. 초기 연구자들에게는 무엇보다 어떤 계산이든 할 수 있는 능력(범용성) 자체가 이미 지능에 근접한 것으로 보였을 것이다. 튜링도 단순히 계산하는 능력과 본격적인 지능을 엄밀히 구별하지 않고 있다.

튜링은 '지능을 가진 기계'라는 표현을 사용해서 인공 지능의 가능성을 타진했다. 그렇다면 '인공 지능Artificial Intelligence'이라는 이름은 어디에서 온 것일까? 1956년 여름, 미국 뉴햄프셔의 다트머스 대학에

• 아이콘과 창 등의 시각적 요소를 이용한 사용자 인터페이스.

서 여러 학자들이 만나 컴퓨터 일반, 자연 언어 처리, 계산 이론 등을 논의하는 학회가 열렸다. 주최자는 당시 다트머스 대학의 컴퓨터 과학자 존 매카시John McCarthy[•]였는데, 이 학회를 준비하는 제안서에 '인공 지능'이라는 표현이 처음 등장한다.

> "1956년 여름에 뉴햄프셔 주 하노버에 위치한 다트머스 대학에서 두 달간 10명이 모여 인공 지능artificial intelligence에 대한 연구를 진행할 것을 제안합니다. 이 연구는 학습과 기타 지능의 모든 면을 매우 자세히 묘사해서 기계로도 지능을 흉내 낼 수 있다는 추측에 기반을 둘 것입니다. 참가자들은 기계가 언어를 사용하고, 추상적인 개념을 발전시키고, 인간만이 풀 수 있다고 생각되는 문제를 풀도록 만드는 방법을 찾으려 노력할 것입니다. 선별된 연구자들이 모여 여름 동안 함께 작업하면 이 중 하나 이상의 문제를 해결하는 데 큰 발전이 있으리라 예상합니다."

다트머스학회에 모인 참가자들은 이른바 선별된 이들이었다. 존 매카시를 비롯해 마빈 민스키Marvin Minsky(인공 신경망),[••] 레이 솔로모

• 존 매카시(1927~2011)는 미국의 컴퓨터 과학자로 다트머스학회를 조직하면서 인공 지능이라는 표현을 처음으로 사용하였다. 엄격한 논리적 추론을 통해 인공 지능의 구현이 가능하다는 입장을 고수한 한편, 컴퓨터의 연산 능력을 전기나 수도 같은 공공재로 취급할 수 있다는 개념을 제시해 클라우드 컴퓨팅을 예견한 것으로도 유명하다.

•• 마빈 민스키(1927~)는 미국의 인지과학자이다. 1954년 프린스턴 대학에서 수학으로 박사 학위를 받은 뒤 1958년부터 MIT 교수로 재직 중이며, 존 매카시와 함께 MIT의 인공 지능 연구소를 설립하였다. 1969년에 시모어 페퍼트와 함께 쓴 《퍼셉트론Perceptron》은 인공 신경망의 한계를 잘못 지적해 인공 지능 연구를 지체시켰다는 논란을 일으켰으나 이는 책의 내용을 잘못 이해한 결과 벌어진 값비싼 실수였다.

노프Ray Solomonoff(기계 학습),• 올리버 셀프리지Oliver Selfridge(시각/인지 및 기계 학습),•• 허버트 사이먼Herbert A. Simon(인지과학)••• 등 대부분이 이후 초기 인공 지능 연구, 나아가서 컴퓨터 과학 전반에 큰 공헌을 한 쟁쟁한 학자들이었다. 다트머스학회의 제안서를 보면 이들이 두 달간 모여서 의견을 교환하고 함께 연구하면 자연 언어 처리나 추상적 사고와 같은 중요한 문제를 해결하는 데 큰 실마리를 찾을 수 있으리라고 자신하고 있었다는 점을 알 수 있다.

다트머스학회에서 100% 해결된 인공 지능의 문제는 없었음에도 불구하고 이런 낙관은 거의 20년 동안 지속되었다. 1960년대를 거쳐 학자들은 여러 번 장밋빛 미래를 약속했다(다음 발언 모두가 다트머스학회의 참가자들에게서 나온 것임에 주목하자).

> "디지털 컴퓨터는 10년 내에 세계 체스 챔피언이 되는 것은 물론 새로운 수학적 정리를 증명할 것이다."
>
> – 허버트 사이먼과 앨런 뉴웰Allen Newell••••(1958)

• 레이 솔로모노프(1926~2009)는 미국의 컴퓨터 과학자이다. 존 매카시, 마빈 민스키와 함께 다트머스학회에 참가했으며, 이후 확률론과 계산 이론을 이론적으로 결합하는 연구를 통해 이후 확률에 기반을 둔 기계 학습의 기반을 닦았다.

•• 올리버 셀프리지(1926~2008)는 미국의 인공 지능 연구자이다. 1945년 MIT에서 수학을 공부한 후, 대학원에 진학하였으나 박사 학위를 받지는 못했다. 마빈 민스키의 지도 교수 중 한 명이었으며, 기계 학습과 패턴 인식 연구 초기에 중요한 논문을 남겼다. 영국의 유명한 셀프리지 백화점을 창업한 기업가 해리 고든 셀프리지의 손자이다.

••• 허버트 사이먼(1916~2001)은 정치학, 경제학, 사회과학에서부터 인지과학과 컴퓨터 과학에까지 걸쳐 눈부신 활약을 한 20세기 미국이 낳은 최고의 석학 중 하나이다. 보기 드물게 컴퓨터 과학 최고의 명예인 튜링상(1975)과 노벨상(1978, 경제학)을 모두 수상했다. 다트머스학회 참가자이며, 튜링상 또한 인공 지능 연구에 대한 공헌을 높이 사 수여됐다.

“ 앞으로 20년 안에 기계는 사람이 할 수 있는 일이면 무엇이든 할 수 있게 될 것이다. ”

– 허버트 사이먼(1965)

“ 한 세대 안에 인공 지능을 창조하는 문제의 대부분이 해결될 것이다. ”

– 마빈 민스키(1967)

“ 3~8년 안에 평균적인 인간의 지능을 가진 기계가 탄생할 것이다. ”

– 마빈 민스키(1970)

물론 이들이 아무런 근거 없이 호언장담을 한 것은 아니다. 1950년대 중반부터 20여 년간은 초기 인공 지능 연구의 황금기였다. 이 기간 동안 인공 지능 연구가 성취한 업적 중 중요한 몇 가지를 살펴보자.

논리적 추론

사이먼과 뉴웰이 1959년 제작한 범용 문제 해결기(GPS: General Problem Solver) 알고리즘은 정형적 기호 체계로 나타낼 수 있는 문제라면 무엇이든 해결하는 것을 목표로 만들어진 프로그램이다. 예를 들어 GPS는 하노이의 탑 퍼즐과 같은 문제를 스스로

●●●● 앨런 뉴웰(1927~1992)은 미국의 컴퓨터 과학 및 인지 심리학 연구자이다. 허버트 사이먼과 인공 지능 프로그램을 개발하기도 했다. 1975년 인공 지능과 인지심리학의 기초를 쌓은 공헌을 인정받아 사이먼과 함께 튜링상을 받았다.

원반 8개로 구성된 하노이의 탑 퍼즐.

해결할 수 있었다. 하노이의 탑 퍼즐은 세 개의 막대 중 가장 왼쪽 막대에 큰 것부터 작은 것 순서로 꽂혀 있는 N개의 원반을 다음과 같은 규칙을 따르면서 가장 오른쪽으로 그대로 옮기는 것이다.

1. 한 번에 한 개의 원반만 옮길 수 있다.
2. 원반 이동은 막대 중 한 개에 꽂힌 더미 제일 위에 있는 원반을 꺼내서, 다른 막대에 꽂힌 더미 제일 위로 옮기는 것만 가능하다.
3. 옮기는 원반을 그보다 더 작은 원반 위에 꽂아서는 안 된다.

N개의 원반으로 구성된 하노이의 탑 문제를 푸는 최소한의 이동 횟수는 2^N-1로 밝혀져 있다. GPS가 이 문제를 푼 방법은 어떤 것이었을까? 하노이의 탑 문제의 답은 문제를 풀기 위해 필요한 원반 이동

을 순서대로 적은 이동 목록이다. GPS는 가능한 모든 이동 방법의 공간을 탐색하면서, 현재 원반이 놓인 상태가 정답과 얼마나 가까운지를 매번 평가해서 자신이 작성 중인 정답에 원반의 이동을 하나씩 추가해 나간다. 원반을 임의로 이동하고 마쳤을 때 원반들이 놓인 상태가 정답과 더 가까워지면 이동 목록에 이를 추가하고, 반대로 규칙을 위반하게 되거나 답이 될 수 없는 막다른 길에 다다르면 해당 상황을 모면할 때까지 이동 목록을 줄여 나간다(이를 역추적backtracking이라고 한다). 이러한 방법의 장점은 어떤 문제든지 정형화된 기호와 법칙으로 나타내기만 하면 문제 자체에 대한 지식이 없어도 적용할 수 있다는 것이다. GPS는 원반이 무엇이고 막대가 무엇인지 전혀 알지 못하지만 이것이 문제를 푸는 데 지장을 주지 않는다. GPS에게 하노이의 탑은 단지 기호로 표기된 특정한 식일 뿐이며, 역추적 기법을 이용해 가능한 모든 답을 차례차례 검토하다 보면 언젠가는 정답을 발견할 수 있기 때문이다.

자연 언어 처리 인간의 언어를 이해하는 컴퓨터 프로그램은 인공 지능 연구 초기부터 지대한 관심사 중 하나였다. 1964년 MIT에서 마빈 민스키의 지도하에 있던 대니얼 G. 밥로Daniel G. Bobrow는 박사 학위 논문 일부로 스튜던트STUDENT 프로그램을 작성했다. 스튜던트는 고등학교 대수algebra 교과서에 나오는 문제를 주어진 자연 언어 그대로 입력을 받은 뒤 문제를 풀 수 있는 능력이 있었다. 예를 들어 스튜던트는 다음과 같은 문제를 풀 수 있었다.

> 철수네 가게에 오는 손님의 숫자는 철수가 내보낸 광고 개수의 20%를 제곱한 숫자의 두 배이다. 만약 철수가 45개의 광고를 실었다면, 가게에 올 손님은 몇 명인가?

내부적으로 수학 문제를 풀기 위해 정형적 기호 체계를 이용한다는 점에서 스튜던트는 GPS와 비슷한 프로그램이다. 하지만 사용자가 문제를 기호로 변환해 줘야 하는 대신, 자연 언어인 영어로 쓰인 문제를 그대로 입력으로 받아 풀 수 있다는 점이 스튜던트가 가진 자연 언어 처리 능력이었다.

가상 세계 　　실제 세계보다 단순한 가상의 공간이 인공 지능 연구에 좀 더 용이한 환경이라는 데 착안한 초기 연구자들은 다양한 색깔과 모양의 블록이 존재하는 가상의 환경과 상호작용할 수 있는 인공 지능을 연구하기 시작했다. 이 중 한 갈래는 색깔과 모양을 식별하는 컴퓨터 시각을 위한 연구였고, 다른 한 갈래는 사물을 조작하는 데 있어 필요한 계획, 추론, 기억과 같은 지적 능력을 어떻게 구현할 것인가 하는 연구였다. 이 중 두 번째 연구 방향이 이룩한 가장 큰 성과는 SHRDLU라고 불리는 프로그램으로, 이는 다음 장에서 자세히 살펴보기로 한다.

여기까지 살펴보면 인공 지능 연구의 출발은 매우 훌륭해 보인다. 사람이 풀어도 시간이 꽤 걸리는 퍼즐을 척척 해결하고, 고등학교 수학 문제를 그대로 읽어서 풀 수 있으며, 아이들이 가지고 노는 것 같은 나무 블록으로 사람이 시키는 대로 이런저런 배치를 할 줄도 아는 것 같다. 아직 연구 초기였던 것을 감안하면, 마치 아기가 자라나듯 인공 지능의 능력도 쑥쑥 성장하지 않을까 하는 낙관이 그리 터무니없어 보이지만은 않는다. 미국의 고등연구기획국(ARPA: Advanced Research Projects Agency)● 또한 비슷한 생각을 했다. 1963년 ARPA는 200만 달러가 넘는 돈을 MIT의 인공 지능 연구에 투자했다. 이 시기 인공 지능 연구는 학자들에게 연구비를 쉽게 지원받을 수 있는 그야말로 황금알을 낳는 거위였다. 그럼 사이먼, 뉴웰, 민스키 등의 예언은 들어맞았을까? 애석하게도 초기 연구는 이쯤에서 벽에 부딪히고 만다. 이른바 인공 지능의 첫 번째 암흑기이다.

첫 번째 암흑기

초기 인공 지능 연구가 올바른 방향으로 성과를 내기 시작했음에도 벽에 부딪히고 만 이유는 무엇일까? 우선 기술적인 문제점들을 살펴보도록 하자.

상태 폭발 문제

1970년대 초반, 인공 지능은 물론 계산 이론 전체에 지대한 영향을 준 논문이 두 편 발표됐다. 1971년 스티

● 훗날 국방 관련 연구로 초점을 맞추면서 방위고등연구기획국(DARPA: Defence Advanced Research Projects Agency)으로 탈바꿈하는데, 여기서 개발한 ARPANET이 현재 인터넷의 전신이다.

븐 쿡Stephen Cook[•]은 〈공리 증명의 복잡도The Complexity of Theorem Proving Procedures〉에서 튜링 기계로 풀기엔 너무 복잡한, 다시 말해 시간이 엄청나게 걸리는 문제가 존재한다는 개념을 소개한다. 이듬해인 1972년에는 리처드 카프Richard Karp[••]가 〈조합 문제의 환원 가능성Reducibility Among Combinatorial Problems〉을 발표한다. 조합 문제란 답이 'x개의 가능한 선택 중 y개를 고르기,' 혹은 'x개의 물건을 특정한 조건을 만족하는 순서대로 배열하기' 같은 이른바 수학의 조합론combinatorics에서 다루는 문제이다. 카프가 밝힌 것은 실제 생활에서 의미 있는 상당수의 조합 문제의 경우(예를 들어 자동차로 가장 짧은 거리만을 운전해서 x개의 도시를 모두 다 방문하려 할 경우의 방문 순서, 혹은 각각 무게가 다른 x개의 물건을 자루에 담을 때 가장 많이 담는 방법 등), 답을 구하기 위해 필요한 계산의 복잡도가 주어진 입력의 크기(즉 x)가 증가함에 따라 엄청난 속도로 증가한다는 것이었다.

여기서 계산 복잡도는 주어진 문제를 풀기 위해 필요한 계산(사칙연산, 숫자 사이의 크기 비교, 문제를 풀기 위해 행해야 하는 행동 등)의 횟수라고 생각하면 된다. 간단한 예를 들어 보자. 각각의 무게가 모두 다른 구슬이 10개 있다. 구슬 10개 전체의 무게를 알기 위해서는 계산을 몇 번이나 해야 할까? 저울에 무게를 다는 것도 계산이라고 가정할 경우, 한 번이면 충분하다. 구슬을 모두 모아서 저울에 올려놓으면 되니까. 이

• 스티븐 쿡(1939~)은 미국의 수학자이다. 1971년 발표한 계산 복잡도에 대한 논문으로 튜링상을 받았는데, 이 논문은 P = NP 문제를 처음 제시한 것으로 유명하다.

•• 리처드 카프(1935~)는 미국의 컴퓨터 과학자이다. 1974년에 발표한 조합론 문제 사이의 환원성에 대한 논문은 계산 복잡도 이론에 있어 기념비적인 업적이다. 이 논문은 21개의 조합론 문제가 1971년 쿡이 밝힌 NP 문제에 속한다는 것을 증명했다.

무게가 모두 다른 구슬 10개 중에 둘을 합한 무게가 정확히 300g인 구슬 한 쌍을 찾아보려면 저울을 몇 번 사용해야 할까?

번엔 10개 중 가장 무거운 구슬을 찾는다고 하자. 계산(비교)을 몇 번이나 해야 할까? 가장 쉬운 방법은 9번 비교하는 것이다. 아무 구슬이나 하나를 집어 든 다음에, 남은 9개와 한 번씩 비교를 하면서 더 무거운 구슬을 찾을 때마다 손에 든 구슬을 바꾸면 된다. 10개의 구슬 중 2개를 골랐을 때 무게의 합이 정확히 300g이 되는 쌍이 있는지 알고 싶다면? 이번엔 조금 복잡하다. 가능한 모든 쌍을 점검해 보아야 하므로 10개의 구슬 중 2개를 고르는 경우의 수만큼 무게를 달아 봐야 한다. 따라서 필요한 계산의 수는 $10 \times \frac{9}{2}$, 즉 45번이다.

이번엔 구슬을 가지고 노는 우리 앞에 산신령이 나타나, 정확히 500g만 담을 수 있는 주머니를 주면서 여기에 담는 구슬만 가지고 갈 수 있다고 말했다고 하자. 구슬을 한 개라도 더 얻어 가려면 어떻게 담아야 할까? 10개 중 x개를 골랐을 때 그 무게의 합이 정확히 500g이 되는 조합이 있는지 찾아야 한다. 10개 중 x개의 구슬을 고르는 가능한 모든 방법의 수는? 구슬 각각에 대해 담는 경우와 안 담는 경우의 2가지 가짓수가 있으므로 가능한 모든 방법의 수는 2를 10번 곱한 수, 다시 말해 2의 10승(1024)이다.

계산 복잡도가 엄청 빨리 증가한다는 것은 무슨 뜻일까? 구슬이 10개가 아니라 100개라고 가정해 보자. 구슬 100개 전체의 무게를 다는 데 필요한 계산(즉 저울질)은 여전히 한 번뿐이다. 하지만 가장 무거운 구슬을 찾기 위해서는 9번이 아니라 99번의 비교를 해야 한다. 100개 중에서 2개를 골랐을 때 무게가 300g이 되는지 알려면? 이번엔 $100 \times \frac{99}{2} = 4950$번 비교를 해야 한다. 마지막으로 100개 중 x개를 골랐을 때 무게의 합이 5kg가 되는 조합을 찾으려면? 100개의 구슬 각각을 주머니에 담을 수도, 담지 않을 수도 있으므로 2의 100승이다. 이는 30자리가 넘는 숫자다! 이게 어느 정도로 큰 숫자냐면, 우주가 탄생하자마자 빅뱅 직후부터 무게를 달기 시작하더라도 1초에 3조 번(!) 정도 계산(저울질)을 할 수 있어야 지금쯤 끝나는 어마어마한 숫자다(우주의 나이는 130억 년 정도로 계산했다). 다음 표는 우리가 지금까지 검토한 경우들을 계산 복잡도 순서대로 정리한 것이다.

문제	구슬이 10개일 때 계산량	구슬이 100개일 때 계산량	구슬이 N개일 때 계산량	복잡도 증가
전체의 무게 찾기	1회	1회	1회	변화 없음
가장 무거운 구슬 찾기	9회	99회	N − 1회	선형 증가
무게의 합이 X인 쌍 찾기	$10 \times \frac{9}{2} = 45$회	$100 \times \frac{99}{2}$ $= 4950$회	$N \times \frac{(N-1)}{2}$회	2차 다항식 증가
무게의 합이 X인 부분 집합 찾기	210회	2100회	2^N회	지수적 증가

같은 구슬 10개, 혹은 100개를 놓고 푸는 문제인데, 주어진 문제가 무엇인지에 따라 필요한 계산의 횟수가 각양각색이다. 더 흥미로운 것은 필요한 계산의 횟수는 궁극적으로 주어진 문제의 크기, 즉 구

슬 개수에 따라 결정된다는 점이다. 구슬 전체의 무게를 찾는 것은 가장 덜 복잡한 문제로, 이 문제를 푸는 데 필요한 계산, 즉 저울질 횟수는 구슬이 몇 개가 주어지든 변하지 않는다. 가장 무거운 구슬을 찾는 데 필요한 계산의 횟수는 구슬 개수 N의 1차식, 즉 $N-1$로 나타낼 수 있으며, 따라서 구슬 개수가 10배 증가할 경우 계산 횟수도 대략 10배 정도 증가한다고 예상할 수 있다. 무게의 합이 특정한 값 X가 되는 구슬 한 쌍을 찾는 문제의 경우, 필요한 계산의 횟수는 구슬 개수 N의 2차식, 즉 $\frac{N(N-1)}{2}=\frac{N^2-N}{2}$으로 나타낼 수 있다. 따라서 구슬 개수가 10배 증가할 경우, 필요한 계산 횟수는 대략 100배 증가한다. 가장 복잡한 마지막 문제는? N개의 구슬이 주어질 경우 필요한 계산의 횟수가 2^N회, 다시 말해 N의 지수 함수이다. 이 경우 N이 10배로 커지면 필요한 계산의 양은 2^{9N}배가 커진다. 구슬의 수가 늘어나는 복잡도가 높은 문제일수록 푸는 데 시간이 더 걸리는 셈이다.

쉽게 이야기해서 쿡이 밝힌 것은 계산 복잡도가 급속히 증가하는 문제가 존재한다는 점이었고, 이듬해 카프가 밝힌 것은 다양한 종류의 조합 문제를 푸는 방법이 쿡이 밝힌 것처럼 복잡하다는 것이었다. 컴퓨터 과학에서 '상태 폭발state explosion'이란 문제를 풀기 위해 고려해야 하는 경우(즉 상태)의 수가 컴퓨터가 버틸 수 없을 만큼 크게 '폭발'한다는 뜻이다. 대체로 상태 개수가 지수적, 혹은 그 이상의 속도로 증가할 때 상태 폭발이라는 표현을 사용한다.

이것이 왜 인공 지능에 문제가 되는 것일까? 앞서 언급한 사이먼과 뉴웰의 GPS 프로그램이 무게의 합이 2.5kg이 되도록 주머니에 구슬을 담는 문제를 푼다고 가정해 보자. GPS는 매번 새로운 구슬을 주머니에 담은 뒤 무게를 확인할 것이다. 만약 2.5kg이 넘지 않았으면 다른 구슬을 더 담고, 반대로 무게가 2.5kg이 넘으면 마지막으로 담은 구슬을 꺼낸다(즉 문제의 답을 역추적한다). 결국 GPS는 주머니에 가능한 모든 조합의 구슬을 담아 모든 상태를 검토해야 하는데, 이 상태의 개수가 지수적으로 증가하기 때문에 문제의 크기(즉 구슬의 개수)가 조금만 증가해도 계산을 마치는 것이 전혀 불가능하게 되는 것이다.

GPS 프로그램과 관련해 하노이의 탑 문제를 설명했던 것을 기억할 것이다. N개의 원반이 있을 경우, 하노이의 탑 문제를 푸는 데 필요한 계산(여기서는 원반을 다른 막대로 옮기는 것 한 번이 1회의 계산이 된다)의 횟수는 $2^N - 1$이라고 했다. 즉 지수적인 증가이다. GPS로 원반 100개를 가진 하노이의 탑 문제를 푸는 것은 상상도 할 수 없다. GPS의 문제해결 능력은 자그마한 크기의 문제에만 적용 가능한 것이지, 인공 지능의 힘을 빌려야 할 만큼 크고 복잡한 문제에는 별 소용이 없다는 것이다. 여기에는 1970년대 컴퓨터 하드웨어의 속도가 지금에 비하면 터무니없이 느렸다는 점도 작용했다.

논리 체계의 한계 매카시와 같은 초기 연구자들은 고전 논리 체계를 그대로 빌려와 인공 지능의 토대로 삼고자 했다. 하지만 이들이 곧 맞닥뜨린 문제는 고전 논리학은 지적인 활동을 모두 표현하는 데 충분하지 못하다는 점이었다. 고전 논리 체계는 대부분 단조적monotonic이다. 전문적인 용어로는 '함축의 단조성monotonicity of entailment'이라는 속성을 가진다고 한다. 쉽게 이야기해서 'A가 참이면 B도 언제나 참이다'라는 논리식을 이미 받아들인 경우, 'A도 참이고 C도 참이면'이라고 전제를 아무리 더해도 'B가 참이다'라는 사실이 변하지 않는다는 뜻이다(A가 이미 참이기 때문에, 앞서 받아들인 논리식에 따라서 누가 뭐라고 해도 B는 참일 수밖에 없다). 언뜻 이게 왜 문제가 되는지 이해가 안 될지도 모르지만, 우리가 일상생활에서 사용하는 언어는 이를 흔히 위반한다. 예를 들어 우리는 '새는 난다,' 다시 말해서 'X가 새이다가 참이면 X가 난다도 참이다'는 명제를 일상적으로 큰 무리 없이 받아들일 수 있다. 그렇지만 날지 못하는 펭귄도 새다. 고전 논리의 단가성과 우리에게 친숙한 연역적 삼단논법을 결합하면 '펭귄은 새이다. 새는 난다. 따라서 펭귄은 난다'라는 결론을 내릴 수밖에 없다. 결국 여기에서 문제가 되는 것은 새로운 지식을 습득하면서 기존에 잘못 알고 있던 결론을 수정해야 할 경우, 고전 논리 체계로는 이를 마땅히 표현할 방법이 없다는 것이다.

다른 예로 법에서 이야기하는 무죄 추정의 논리, 즉 충분한 증거가 주어지기 전까지는 용의자가 무죄라고 가정한다는 원칙을 들 수 있다. 충분한 증거가 전제에 더해지면, 결국에는 용의자가 무죄라는 애초의 결론을 수정할 수 있어야 하는데 대부분의 고전 논리 체계 안에서는 표현이 불가능하다.●

또 다른 예는 철학자 찰스 퍼스Charles Pierce가 소개한 유추類推법

● 수학에서 단조적이라는 것은 어떤 양이 꾸준히 증가하거나 감소하기만 하지, 늘었다 줄었다 하지 않는다는 뜻이다. 단조적인 논리 체계를 따르면, 논리적으로 표현 가능한 지식의 양이 늘기만 하지 줄지 않는다. 새로운 사실을 아무리 많이 배워도, 그 결과로 기존에 배웠던 지식을 수정하거나 삭제하지 않기 때문이다.

이다. 유추는 주어진 지식에 기반을 두어 가장 그럴듯한 것을 결론으로 선택하는 추론이다. 유추는 새로운 지식이나 정보를 알아내는 데 사용할 수 있으므로, 역시 고전 논리로 표현이 어렵다. 예를 들어 아침에 일어나 마당에 나와 보니 땅이 젖어 있었다고 하자. 고전 논리에서 말하는 연역법은 (a) 비가 오면 땅이 젖는다, (b) 간밤에 비가 왔다, (c) 그러므로 땅이 젖어 있다라는 삼단논법을 통해 결론을 도출하는 추론 방법이다. 하지만 삼단논법은 우리에게 아무런 새로운 정보를 가르쳐주지 않는다. 비가 오면 땅이 젖는다는 법칙, 그리고 간밤에 비가 왔다는 사실이 모두 주어져 있을 때만 적용할 수 있기 때문이다. 여기에 비해 유추의 과정은 (a) 땅이 젖어 있다는 지식(사실 또는 관찰)에 기반을 두어서 (b) 간밤에 비가 왔다는 설명이 가장 그럴듯하다고 결론을 내는 추론 과정이다. 유추로 얻어지는 결론은 연역법의 결론과 달리 부정할 수 없는 진실이 아니다(땅이 젖어 있는 것은 수도관이 터져서일 수도 있기 때문이다). 하지만 일상생활에서 우리가 주변 환경을 이해하고 설명하는 많은 부분이 연역보다 유추에 기대고 있음을 쉽게 짐작할 수 있다.

결국 고전 논리 체계의 한계는 인공 지능 연구자들과 논리학자들을 새로운 논리 체계, 이른바 양상 논리Modal Logic를 구상하는 작업으로 내몰았다. 양상Modality이란 주어진 서술의 당위성, 가능성 등을 뜻한다. 고전 논리로는 'A이면 B이다'라고밖에 말할 수 없었던 데 비해 양상 논리는 'A이면 B일 수 있다'라든지, 'A이면 B라고 믿는다'라는 식의 서술을 정형 기호를 통해 표현하고 조작할 수 있게 해준다. 이는 더 유연하고 인간의 지능에 가까운 인공 지능 프로그램을 개발하기 위해 꼭 필요한 것이었다.

방대한 상식 스튜던트 프로그램의 자연 언어 처리 능력, 혹은 가상 세계를 인지하는 SHRDLU의 컴퓨터 시각 능력을 실제 세계로 확대하려면 가장 필요한 것은 무엇일까? 연구자들은 일상 언어를 이해하거나, 간단한 사물을 인지하기 위해서는 일정 수준의 '상식'에 해당하는 지식이 필요하다는 점을 깨달았다. 문제는 서너 살짜리 아이가 일반적으로 알고 있는 수준의 상식만 하더라도 컴퓨터에게는 엄청난 양의 정보라는 점이다.

예를 들어, 스튜던트 프로그램이 고등학교 수학책에 나오는 일반 언어를 목표로 한 것은 일견 야심 찬 기획처럼 보일지 모르지만, 사실은 우리가 실제로 사용하는 일상 언어에 비해 훨씬 더 쉬운 목표를 설정한 것이다. 수학 교과서에 나오는 문제는 일상 언어에 비해 훨씬 더 제한적인 단어만을 사용해 더 규칙적인 문체로 기술되어 있기 때문이다. 스튜던트는 매우 규칙적인 패턴의 자연 언어를 바로 정형 기호로 구성된 방정식으로 변환하지만, 실제 단어가 어떤 뜻인지는 전혀 이해하지 못한다. "이러이러할 때 사과의 개수는 몇 개인가?"라는 질문에 답한 뒤 바로 "그런데 그 사과는 무슨 색인가?"라고 물으면, 스튜던트는 당연히 아무런 대답도 하지 못한다. 사과가 대체로 빨갛다는 지식이 없기 때문이다. 마찬가지로 컴퓨터 시각 프로그램에게 과일의 이미지가 주어졌을 때 그것이 사과인지 오렌지인지 파인애플인지를 판단하려면 해당 과일에 대한 지식이 필요하다.

단위를 이용해 정확히 측정할 수가 없어서 그렇지, 말을 막 시작하는 단계의 아이가 알고 있는 지식의 양은 생각보다 방대하다. 1960~1970년대에는 이만큼의 정보를 효율적으로 저장하고 처리하는 방법이 없었던 것은 둘째 치고, 임의의 지식 또는 상식을 컴퓨터에 어떤 형식으로 저장해야 하는지조차 분명하지 않았다. 그 결과 초기 인공 지능 프로그램들이 가진 지적 능력은 논리적인 기호로 쉽게 변환할 수 있는 수준에 갇히고 말았다. 이 점은 2장에서 다시 살펴볼 모라벡의 패러독스와도 깊은 연관이 있다.

10년 이상 지속된 인공 지능 연구의 첫 번째 황금기는 이렇게 막을 내렸다. 장밋빛 약속을 따라잡지 못한 연구 결과에 실망한 정부 기관들은 잇달아 새로운 프로젝트를 취소하고 연구비를 철회했다. 튜링의 전망에서 디지털 컴퓨터의 발전과 함께 숨 가쁘게 내달려 온 인공 지능을 향한 꿈은 숨을 골라야 했고, 그렇게 인공 지능 연구는 1970년대 중반부터 1980년대 초까지 첫 번째 암흑기를 맞았다.

전문가 시스템과 두 번째 암흑기

금방이라도 사람과 같은 수준의 인공 지능을 선보일 수 있을 것 같았던 초기의 낙관론에 실망한 탓인지, 인공 지능 연구의 두 번째 호황기는 훨씬 더 현실적인 목표를 가지고 시작됐다. 연구비를 대는 사람들은 물론 연구자들도 막연히 '사람과 같은' 인공 지능보다는, 비록 덜 중요해 보일지라도 '실용적'으로 의미와 가치가 있는 컴퓨터 프로그램을 개발하는 쪽으로 방향을 선회한 것이다. 첫 번째 황금기 동안 ARPA는 막연히 일반적인 인공 지능을 개발하는 연구에도 흔쾌히 돈을 댔다. 하지만 첫 번째 암흑기 이후에 연구비를 받기 위해서는 명확하고 실용적인 목표가 필요했다. 예를 들어 국방 관련 연구에 초점을 맞춘 DARPA는 막연한 인공 지능이 아닌 '무인 탱크' 연구에 투자를 시작했다. 인간의 뇌를 닮은 인공 지능이 탱크를 조종하는 법을 배우길 기다리기에는 그때까지 행해진 연구가 너무 더뎠다!

1980년대 초 인공 지능 연구에 불을 지핀 것은 단연 전문가 시스템Expert System이었다. 전문가 시스템은 이전 세대 연구자들이 맞닥뜨린 지식과 상식의 방대함이라는 문제의식에서 출발했다. 세계 전반에 대한 지식과 상식이 컴퓨터에게 가르치기에 너무 방대하다면, 매우 협소하고 특정한 범위에 한정해서 인간 전문가들이 가진 지식을 논리 체계를 이용해 법칙으로 나타내는 것은 가능하지 않을까? 인공 지능이 전문가들의 지식을 논리적 법칙으로 변환해서 기억할 수 있다면, 이를 이용해 전문가들이 내리는 의사 결정을 대신 할 수 있지 않을까?

대답은 "예"였다. 두 번째 황금기의 시작은 1965년 에드워드 파이겐바움Edward Feigenbaum 등이 개발한 덴드럴Dendral이라는 프로그램으로 거슬러 올라간다. 스탠포드 대학에서 개발한 덴드럴은 유기 화학 실험 중 얻어진 분광계spectrometer 관측 결과를 가지고 유기화합물의 종류를 판독하는 업무를 성공적으로 수행할 수 있었다. 이 스탠포드 대 연구실은 1970년대 초 박테리아 감염에 의한 질환을 진단하고 적절한 항생제를 추천하는 전문가 시스템 마이신MYCIN을 공개했다(프로그램의 이름은 많은 종류의 항생제 이름이 -mycin이라는 어미를 가지고 있는 데서 비롯됐다고 한다). 비록 실제로 임상에서 사용되지는 못했지만, 스탠포드 의과대학에서 행해진 실험 결과에 따르면[•] 마이신은 69%의 환자에 대해 적합한 처방을 내렸다. 이는 인간 의사보다 더 정확한 수치였다. 마이신이 사용한 전문가 지식은 단지 600여 개의 규칙으로 구성된 것이었다. 증상과 관련된 일련의 질문에 예/아니오로 대답을 마치면, 거기에 600여 개의 규칙을 적용해서 가장 확률이 높아 보이는 순서로 가능한 진단명 목록이 출력되었다.

전문가 시스템은 대학 연구실에만 갇혀 있지 않았다. 1978년 카네기 멜론 대학의 존 맥더못John McDermott이 개발해 DEC(Digital Equipment Corporation)에 납품한 XCON(eXpert CONfigurer) 시스템은 DEC사가 만들던 VAX(Virtual Address eXtension)[••] 컴퓨터를 조립하는 데 필요한 부품을 선별하는 전문가 시스템이었다. 지금은 개인용 컴퓨터를 완제품으로 구입할 수 있고, 직접 조립한다고 해도 부품들이 모두 규격화되어

• 성공적인 실험 결과에도 불구하고 마이신은 임상에서 사용되지 못했다. 그것은 정확도가 부족해서라기보다는 당시 의료 관련 IT 인프라가 거의 전무하다시피 했기 때문이다. 마이신은 질병의 증상과 관련해 환자가 답한 설문지의 내용을 입력해 사용했는데, 요즘 같으면 전산화된 환자 정보를 이용해 자동으로 답할 수 있는 질문마저 사람이 일일이 수집해서 입력해야 했고, 그 결과 한 번 진단을 내리는 데 30여 분이 소요됐다. 바쁜 의사들은 30분씩 아무것도 하지 않은 채 기다릴 여유가 없었고, 결국 마이신은 널리 이용되지 못했다.

•• DEC사가 1970년대에 개발해 1980년대 큰 인기를 끌었던 컴퓨터 시스템이다. 미니 컴퓨터라고 불렸으나 개인용 컴퓨터보다 훨씬 더 커서 작은 서랍장 정도의 공간을 차지했다.

있다. 하지만 1980년대는 VAX 시스템을 주문할 경우 기기 내부에서 사용하는 전선이나 부품 하나하나를 모두 골라 주문해야 했다. 주문 과정에서 기술 지식이 없는 영업사원들이 고객과 만나 주문서를 작성하다 보니 실수가 잦았다. 그 때문에 잘못된 부품이 배송될 때마다 고객에게 정확한 부품을 무료로 제공해야 했다. DEC로서는 정확한 주문서에 따른 정확한 부품 선정이 매출과 직결된 문제였다. XCON은 2500개의 규칙을 바탕으로 부품 선정에 있어 95% 이상의 정확도를 보였고, DEC는 이 프로그램 덕분에 1년에 2500만 달러를 절감했다고 추산했다.

인공 지능이 돈을 벌어 주었다! 엄청난 성공으로, 기업들의 관심이 집중되었다. 일본 정부는 야심차게 '제5세대 컴퓨터 프로젝트'를 추진했고, 영국과 미국 정부 역시 다시 인공 지능 연구에 투자를 시작했다. 하지만 해피엔딩과는 거리가 멀었다. 우선 전문가 시스템 자체가 가진 문제가 드러나기 시작했다. 대표적인 문제는 이른바 '지식 추출의 병목 현상'이라고 불리는 것이었다. 새로운 분야의 전문가 시스템을 구현하고 싶을 경우, 우선 인간 전문가로부터 그들의 전문 지식을 얻은 뒤 이를 프로그램이 논리 체계를 통해 적용할 수 있는 규칙의 형태로 정리해야 했다. 마이신이나 XCON같이 지식 추출이 성공적인 사례도 있었던 반면, 전문가들에게서 정확히 무엇을 얻어내야 하는지가 불분명한 경우도 많았다. 전문가들이 결정에 도달하는 과정에는 100% 기계적으로 적용할 수 있는 규칙뿐 아니라 경험을 바탕으로 한 직관이나 감도 큰 영향을 준다는 사실 역시 무시할 수 없었다.

지식 추출이 성공적으로 이루어진다 하더라도 다른 문제점이 남아 있었다. 전문가 시스템은 특정 시점에 인간 전문가가 생각하는 문제 해결 방법을 프로그램의 형태로 고정한 뒤 저장하는 방식이다. 그런데 시간이 흐른 뒤에 문제 자체가 변화하거나, 인간 전문가가 더 좋은 방법을 고안해 낼 경우 유지 및 보수 업무 자체가 매우 복잡했다. 전문가 시스템 스스로 학습이 불가능했기 때문에 기존에 추출한 규칙을 모두 수정해야 하는데, 이 업무가 해당 분야의 전문가와 프로그래머 모두에게 힘들었기 때문이다. 또 전문가 시스템들은 대체로 불안정했다. 애초에 지식을 제공한 인간 전문가가 잘 아는 문제는 전문가 시스템도 잘 해결했지만, 그 범주를 조금만 벗어날 경우 엉뚱한 답을 내놓기 일쑤였다.

결국 전문가 시스템의 거품이 꺼지면서, 인공 지능 연구는 1980년대 후반 두 번째 암흑기를 맞는다. 그런데 여기에는 전문가 시스템이라는 새로운 접근 방법의 실패 이상의 의미가 내포돼 있었다. 비록 지나치게 낙관적인 전망에 경도되었을지라도, 1960년대 인공 지능 연구는 사람과 같은 수준의 지능(다음 장에서 살펴보겠지만, 이를 강한 인공 지능이라고 한다)을 구현하겠다는 목표가 있었다. 하지만 전문가 시스템은 그런 의미에서 '지능'은 아니었다. 전문가 시스템은 인간 전문가의 역할을 흉내 내는 수준이었고, 실제 작동 방법도 조금 복잡한 스무고개 놀이에 지나지 않았다(특정 문제만을 해결하는 부분적인 지능의 구현을 '약한 인공 지능'이라고 한다).

강한 인공 지능이라는 목표에서 전문가 시스템과 같은 틈새 연구로 관심이 옮겨간 까닭은 '분할 후 정복divide and conquer'이라는 문제 해결 방법에 따른 것이었다. 분할 후 정복이란 풀고자 하는 문제가 너무 복잡할 경우에 이를 여러 개의 작은 문제로 나눠서 각각을 해결한 뒤 답을 종합해 원래 문제의 해답을 얻어내는 기법이다. 강한 인공 지능의 구현은 당장 너무 어려우니, 실용적인 성과를 낼 수 있는 작은 문제들을 먼저 해결한 다음 큰 그림으로 다시 합쳐 보자는 것이 두 번째 호황을 맞은 인공 지능 연구의 흐름이었다.

전문가 시스템의 경험은 이후 인공 지능 연구를 더 세밀한 '분할 후 정복' 패턴으로, 더욱 틈새 응용 분야에 특화된 약한 인공 지능 연구로 내몰았다. 문제를 분할해서 성공을 거둔 것을 보면 분할하는 것이 맞긴 한 것 같은데, 그 성공이 지속되지 못하는 데다 여전히 인공 지능 구현은 어려우니 '더 쪼개야 한다'고 생각했던 것이다. 게다가 매번 '실용적인 결과'를 내놓지 못한다는 이유로 연구 자금이 끊기다 보니, 연구의 초점은 애초 목표로 삼았던 강한 인공 지능의 구현보다는 당장 상업적으로 사용할 수 있는 기술 쪽으로 계속 옮겨 갔다. 지금부터 살펴보겠지만, 새로 설정한 실사구시의 방향 아래에 인공 지능 연구는 분명 다양하고 눈부신 업적을 성취했다. 하지만 이것이 애초에 인공 지능 연구가 목표로 삼았던 것이냐고 묻는다면 뭐라 대답해야 하는지는 분명하지 않다.

인간의 패배, 그리고 21세기

1997년, 앨런 튜링이 생전에 꿈꾸었을 법한 일대 사건이 벌어진다. IBM이 만든 체스 컴퓨터 딥 블루Deep Blue가 당시 그랜드마스터였던 게리 카스파로프Gary Kasparov• 와 여섯 차례 대국 끝에 2승 3무 1패로 승리를 거둔 것이다. 앞서 2무 3패로 진 지 13개월 만에 재도전한 결과였다. 이 결과가 보여 주는 과학적인 의미가 무엇인지에 대해서는 토론의 여지가 있지만, 일반 대중에게 딥 블루의 승리는 오직 한 가지 의미였다. 인간이 컴퓨터에게 졌다! 14년 뒤인 2011년, IBM은 체스가 아닌 일반 상식을 겨루는 퀴즈쇼로 목표를 바꿨다. 이를 위해 IBM이 특별히 만든 시스템 왓슨Watson은 미국의 TV 퀴즈쇼 〈제오파디Jeopardy!〉에 출연해 역대 챔피언들과 겨뤄 승리를 거두었다.

두 번의 암흑기를 거친 뒤 인공 지능 연구는 점차 세분화되어 각 분야에서 큰 성과를 냈다. 애초에 인공 지능 연구자들이 고안한 다양한 기술들이 새로운 응용 분야에 적용됐다. 흥미로운 것은 거의 모든 응용 분야에서 이 기술들이 '인공 지능'으로 인식되기보다는 단순히 특정 문제를 푸는 '도구'로 인식되었다는 점이다. 21세기 인공 지능 연구의 성과는, IBM이 보여 준 승리와 같은 간헐적인 사건을 제외하면, 대체로 우리 눈에 보이지 않는 곳에 숨어 있다. 집적도가 높은 전자 회로의 설계 및 제조, 복잡한 연결망을 통한 물류의 관리, 음성 인식, 구

• 게리 카스파로프(1963~)는 러시아의 프로 체스 기사이다. 7세부터 체스 교육을 받기 시작해서 1980년 17세의 나이로 일약 그랜드마스터가 되었고 1985년에는 당시 기록을 깨고 최연소 세계 챔피언이 되었다. 1997년 IBM의 체스 컴퓨터 딥 블루에게 패배를 당해 인공 지능에게 진 최초의 인간 챔피언이 되었다.

글 같은 인터넷 검색 엔진, 그리고 요즈음 사회 곳곳에서 화두가 되고 있는 빅 데이터Big Data에 이르기까지 인공 지능 연구의 손길은 곳곳에 닿아 있다. 그런데 역설적으로 '인공 지능'이라는 이름 자체는, 역사에 기록된 두 번의 암흑기와 자동으로 맞물려 이제 더 이상 연구자들의 가슴을 뛰게 하지 않는다. 오히려 많은 연구자들이, 실제로는 비슷한 연구를 하면서도 자신의 작업을 '인공 지능'이라 부르는 것을 꺼렸다. 새로운 이름을 내세워야 연구 자금을 확보하기에 유리하리라는 생각에서였다.

IBM이 인간을 상대로 거둔 두 번의 승리는, 어떤 면에서는 '분할 후 정복' 패러다임을 따라 발전한 21세기 인공 지능의 상태를 잘 나타낸다. 앞에서 딥 블루를 '체스 컴퓨터'라고 부른 데 주목한 독자가 있을지 모르겠다. 딥 블루는 아예 하드웨어부터 오직 체스를 빠르게 두기 위해 만들어진 컴퓨터였다. 딥 블루는 중앙 처리 장치 30개를 병렬로 사용했을 뿐 아니라 체스와 관련된 계산을 위해 특화된 집적 회로 칩 480개를 장착했다. 왓슨 역시 상식을 겨루는 퀴즈쇼에 출연했으니 풍부한 상식을 바탕으로 흥미진진한 대화라도 할 수 있을 것 같지만, 사용자에게 오직 질문/답변 형태의 상호작용만을 허용하는 특정한 시스템일 뿐이다. 거의 모든 응용 분야에서, 인공 지능 기술은 범용의 지능으로써가 아니라 특정한 문제에 특화된 빠른 계산 방법으로써만 작동한다. 현재의 인공 지능이 이룩한 성과 중 많은 부분은 지능에 대한 새로운 접근 방법이 발견되었기 때문이 아니다. 접근 방법 자체는 예전과 변한 게 거의 없지만, 엄청나게 발전한 컴퓨터 하드웨어 덕분에 똑같은 알고리즘이 이전보다 훨씬 더 빨리 실행되기 때문에 얻어진 성과다.

지난 20여 년간 세부적인 문제를 풀기 위해 분할을 거듭한 인공 지능 연구가 다시금 범용 지능, 강한 인공 지능이라는 원대한 목표를 향해 방향을 돌릴 수 있을까? 만약 변화의 계기가 될 만한 것이 있다면, 아마도 인공 지능이 아닌 지능, 즉 인간의 뇌에 대한 연구가 아닐까 한다. 2013년 미국은 BRAIN(Brain Research through Advancing Innovative Neurotechnologies) 프로젝트에 1억 달러 가량을 투자할 것을 선언했다. 2012년 유럽연합도 HBP(Human Brain Project)에 6900만 달러를 투자할 계획을 발표했다. 인간의 DNA 염기서열을 밝히는 것을 목표로 했던 인간 게놈 프로젝트의 뒤를 잇는 초대형 연구 프로젝트인 것이다. 두 프로젝트 모두 뇌파의 측정 및 분석을 바탕으로 뇌의 구체적인 작동 기제에 대한 이해를 목표로 한다. 이미 오래전부터 인지·신경과학자들은 뇌의 작동 방식을 마치 컴퓨터 프로그램을 설명하듯 서술해 왔다. 뇌의 구체적인 작동 방식을 지금보다 더 잘 이해하게 되면, 지금까지 인공 지능이 세부 응용 문제에 대한 해답을 찾기 위해 분할을 거듭해 내놓은 해답 중 실제 뇌와 무엇이 비슷하고 무엇이 다른지 좀 더 확실하게 알 수 있을 것이다. 나아가 지금껏 컴퓨터상에서 구현한 인공 지능이 놓치고 있었던 것이 무엇인지에 대한 실마리도 찾을 수 있지 않을까. 그런 의미에서 인공 지능 연구의 진짜 출발은 지금부터인지도 모른다.

인간을 살해한 인공 지능

영화 역사상 가장 유명한 인공 지능은 아마 〈2001: 스페이스 오디세이〉(1968)에 등장한 HAL 9000●일 것이다. HAL은 중요한 임무를 맡아 목성까지 비행하는 우주 비행사들을 돕는 인공 지능 컴퓨터다. 우주 비행사들은 컴퓨터가 자잘한 오작동을 하기 시작하자 더 큰 문제를 막기 위해 HAL을 정지시키기로 한다. 음성을 인식할 수 있는 HAL이 대화를 듣지 못하게 주의하지만, HAL은 이들의 입 모양을 보고 대화 내용을 알아챈다. HAL은 임무를 끝까지 수행해야 한다는 지시를 완수하려면 자신의 전원이 내려져서는 안 된다는 논리적(!) 결론에 도달한다. 그 결과 HAL은 우주 비행사들을 막기 위해 이들을 살해하려 한다. 우주 공간에 내버려진 동료를 구하기 위해 "격실 문을 열어, HAL!"이라고 외치는 비행사 데이비드 보먼에게 HAL이 "데이브, 미안하지만 그렇게 할 수 없습니다"라고 대답하는 장면은 섬뜩한 공포를 느끼게 한다.

영화의 원작인 아서 C. 클라크Arthur C. Clarke의 소설은 HAL이 인간을 살해하려는 이유를 조금 다르게 제시한다. 목성까지 비행하는 진짜 이유는 HAL만이 알고 있었는데, 이 비밀 임무는 '인간에게 정확한 정보를 전달해야 한다'는 원칙에 모순되는 것이었다. 소설 속의 HAL은 인간들이 모두 죽어 버리면 더 이상 거짓말을 할 필요가 없다는, 논리적으로는 흠이 없지만 여전히 무서운 결론에 도달한다. 소설과 영화의 대성공 이후 HAL은 기계가 우리를 배신할지도 모른다는 원초적인 공포를 상징하는 존재가 되었다.

● HAL이라는 이름이 IBM을 한 글자씩 알파벳 이전 글자로 바꿔서(I→H, B→A, M→L) 만들었다는 속설이 있는데, 작가인 클라크와 감독 큐브릭 모두 이를 부정한다. HAL은 '발견법적으로 프로그램된 연산 컴퓨터Heuristically-programmed ALgorithmic computer'의 약자라고 한다. 1968년에 발표된 소설에서 HAL은 1997년에 만든 것으로 묘사된다.

인공 지능과 컴퓨터는 동일한 것일까? 컴퓨터로 인공 지능을 만들 수 있는 이유는 무엇일까? 그보다 지능이란 무엇인가? 우리가 인공적으로 만들 수는 있을까? 첨단 정보 과학인 것 같은 인공 지능 기술에는 심오한 철학적인 질문들, 그리고 정교한 수학 이론이 숨어 있다. 그 토대를 간략히 살펴보자.

앨런 튜링은 영국의 수학자이자 암호학자로, 튜링 기계라는 사고 실험을 통해 현대 컴퓨터 과학의 기초를 닦았다. 인공 지능의 역사는 튜링의 등장 이후 크게 변화한다. 사진은 영국 블레츨리 파크의 튜링 조각상.

2 전시실

지능, 계산, 이론

2 전시실

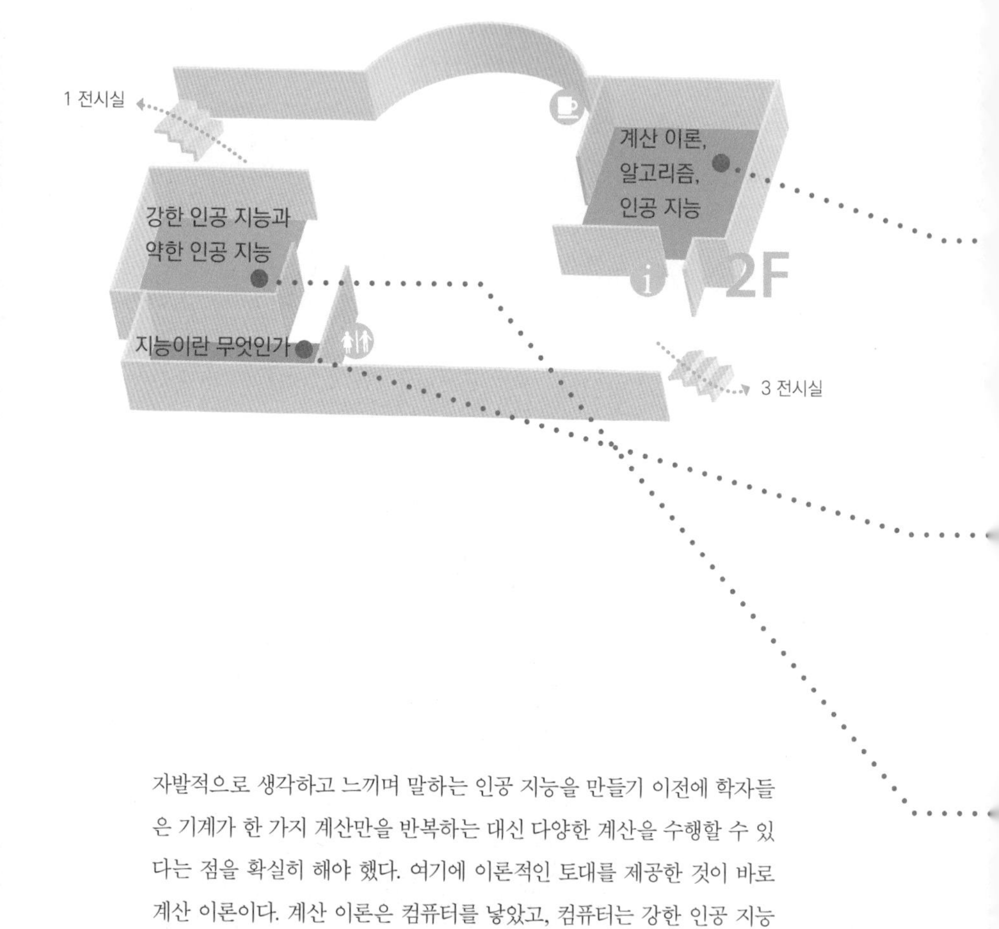

자발적으로 생각하고 느끼며 말하는 인공 지능을 만들기 이전에 학자들은 기계가 한 가지 계산만을 반복하는 대신 다양한 계산을 수행할 수 있다는 점을 확실히 해야 했다. 여기에 이론적인 토대를 제공한 것이 바로 계산 이론이다. 계산 이론은 컴퓨터를 낳았고, 컴퓨터는 강한 인공 지능과 약한 인공 지능이라는 두 가지 개념을 낳았다.

계산 이론, 알고리즘, 인공 지능

덧셈과 뺄셈만을 수행할 수 있는 기계식 계산기는 17세기부터 존재했지만, 모든 프로그램을 실행할 수 있는 컴퓨터의 이론적 바탕이 된 것은 튜링 기계다. 튜링 기계는 알고리즘을 실행함으로써 다양한 문제에 기계적으로 답할 수 있었다. 다양한 계산을 할 수 있는 기계에 대한 놀라움은 생각할 수 있는 기계에 대한 궁금증으로 이어졌다.

지능이란 무엇인가

인공 지능을 이해하려면 인공이 아닌 자연적인 지능, 즉 인간의 지능을 이해하는 것이 선행되어야 한다. 학자들이 제시하는 지능의 정의는 생각보다 다양하고 복잡하다. 인공 지능은 어떤 정의에 기반을 둔 것일까?

강한 인공 지능과 약한 인공 지능

인공 지능 연구는 크게 두 갈래 흐름으로 이어져 왔다. 모든 면에서 인간과 구별할 수 없는 지능인 강한 인공 지능과 특정한 문제의 해결에 특화된 지능인 약한 인공 지능이 그것이다. 두 흐름의 장점과 단점, 그리고 한계는 무엇인지 알아보자.

> 컴퓨터 프로그래머는 오직 자기 손에 그 운명이 달린 한 우주의 창조자이다. 컴퓨터 프로그램 안에는 사실상 무한하게 복잡한 우주들이 존재한다.

요제프 바이첸바움

컴퓨터, 계산, 인공 지능

진정한 의미에서 인공 지능 연구가 시작된 것은 20세기 중반 컴퓨터가 실용화되면서부터이다. 21세기 우리들은 인공 지능과 컴퓨터를 연결해 생각하는 것을 당연하게 여긴다. 그런데 컴퓨터 없는 인공 지능도 가능할까? 자동차나 시계처럼 엔진과 톱니바퀴, 각종 부품으로 이루어진 기계가 지능을 가질 수 있을까? 쉽지는 않을 것 같다. 왜 그럴까? 이 질문에 답하기 위해서는 현대 컴퓨터의 수학적 기초를 제공한 앨런 튜링의 계산 이론을 잠시 들여다 볼 필요가 있다.

컴퓨터와 전기밥솥의 가장 큰 차이가 뭘까? 컴퓨터로는 게임도 할 수 있고 이메일도 보낼 수 있고 수학적인 계산을 할 수도 있지만 전기밥솥으로는 밥만 할 수 있다는 점이다. 이 질문과 답은 결코 의미 없는 말장난이 아니다. 컴퓨터 이외의 거의 모든 '기계'는 한 가지 기능을 목표로 만들어진다. 자동차의 엔진은 화석 연료를 운동 에너지로 바꾸고, 텔레비전은 전파로 받은 신호를 영상으로 바꾸며, 전화기는 음성을 전기 신호로 바꿔서 두 지점 사이에 전달한다. 눈치 빠른 독자라면 최근 자동차와 텔레비전, 전화기 모두 '스마트'해지고 있다는 점을 들어 이의를 제기할 것이다. 자동차는 단순히 굴러가기만 하는 것뿐만 아니라 연비를 분석해 주고 길을 찾아 주는가 하면, 텔레비전은 인터넷을 검색할 수 있게 해 주고, 전화기로는 게임을 할 수도 있다. 하지만 그 내용을 살펴보면 모두 기존에 존재하던 기계에 작은 컴퓨터가 덧붙여졌다는 점을 알 수 있다.

인공 지능은 기계로 지능을 구현하는 것이다. 그런데 지능은 한 가지 기능만 가지고 있지 않다. 우리 뇌는 수학 문제도 풀 수 있지만 문학 작품을 읽고 이해할 수도 있으며, 농담에 웃고 슬픈 이야기에 울 줄도 안다. 애초에 인공 지능을 구현하고자 하면서 역점을 둔 것은 기계가 감정을 느끼거나 의지를 가질 수 있느냐 하는 것이 아니었다. 어떻게 하면 여러 가지 기능을 가지는 기계를 만들 수 있는가 하는 점이었다. 이것이 바로 여러 가지 기능을 수행할 수 있는 기계, 다시 말해 컴퓨터의 등장이 인공 지능에 대한 본격적인 연구를 가능하게 한 이유이다. 그렇다면 컴퓨터는 대체 어떻게 다양한 기능을 가지는 것일까? 여러 종류의 계산을 기술적인 용어로는 범용general purpose 계산이라고 한다. 따라서 이 질문을 좀 더 세련되게 바꿔 보면 이렇게 된다. '컴퓨터는 어떻게 범용 계산을 할 수 있는 것일까?'

기계식 계산기의 시대

어떻게 하면 기계한테 다양한 계산을 시킬 수 있느냐는 질문은 생각보다 오래된 것이다. 기계가 무슨 계산을 할 수 있느냐고 궁금해하는 사람은 이미 17세기에 수학자 블레즈 파스칼Blaise Pascal(1623~1662)이 덧셈과 뺄셈을 할 수 있는 기계를 발명했다는 것을 상기해 보자(뺄셈은 덧셈의 응용으로 가능했다). 덧셈을 위해 필요한 기계 장치는 정교하게 배치된 톱니바퀴뿐이었다. 다음 사진에 소개한 것과 비슷한 덧셈 기계는 간단한 회계 업무용으로 20세기까지도 사용되었다.

파스칼이 덧셈 기계를 발명했던 17세기에 또 다른 천재 수학자인 라이프니츠는 파스칼의 덧셈 기계에 곱하기와 나누기를 더해서 사칙

통일 전 서독에서 만들어진 덧셈 기계 Resulta BS-7. 톱니바퀴를 이용해 덧셈을 할 수 있다. 가장 낮은 자리 숫자에 해당하는 톱니바퀴가 9를 넘어 0으로 한 바퀴를 돌면 그다음 자리 숫자에 해당하는 톱니바퀴가 숫자 하나만큼 움직이는 방식으로 작동한다.

라이프니츠의 단계 계산기. 이 계산기로 8자리 숫자의 덧셈과 뺄셈은 물론 곱셈과 나눗셈을 할 수 있었다. 곱셈은 덧셈을, 나눗셈은 뺄셈을 자동으로 반복하는 방식으로 수행한다.

연산을 할 수 있는 단계 계산기Stepped Reckoner를 톱니바퀴와 회전식 손잡이를 가지고 제작했다. 하지만 라이프니츠가 남긴 더욱 중요한 업적은 수학, 형이상학, 과학에서 사용되는 다양한 개념을 모두 표현할 수 있는 이른바 보편 문자Characteristica Universalis와 이 문자를 사용해 표기된 계산을 수행하는 방법인 추론 계산법Calculus Ratiocinator의 개념을 고안했다는 점이다. 비록 개념에 머물렀지만 라이프니츠의 보편 문자는 오늘날 우리가 사용하는 '컴퓨터 프로그래밍 언어'를, 추론 계산법은 튜링이 수백 년 뒤에 더 정밀하게 제안할 '계산 이론'을 예견한 것이다.

배비지의 차등 기관 2호. 배비지가 남긴 설계도에 따라 제작된 뒤 영국 과학박물관에 전시되어 있다.

진정한 의미에서 사용 가능한 최초의 범용 컴퓨터를 고안하고 만들고자 했던 사람은 찰스 배비지Charles Babbage(1791~1871)다. 배비지의 첫 번째 목표는 임의의 다항식을 계산할 수 있는 차등 기관Difference Engine이었다. 이 기계를 이용하면 로그 함수처럼 복잡한 수학 함수의 근삿값을 다항식을 이용해 사람보다 정확하게 계산할 수 있었다. 항해술이나 천문학 같은 응용 분야에서 그 가치를 알아본 영국 정부는 배비지에게 많은 돈을 투자했다. 정부의 투자를 받아 차등 기관을 만들던 배비지는 곧이어 더 진보적인 기계식 계산기를 만드는 데 몰두했는데, 그것이 바로 분석 기관Analytic Engine이다. 공학적인 한계, 제작자와의 다툼, 그리고 흥미를 잃은 영국 정부의 예산 삭감으로 인해 실제로 만들어지지는 못했지만, 배비지가 설계한 분석 기관은 범용 계산이 가능한 기계식 컴퓨터였다.

만약 배비지가 분석 기관을 제작하는 데 성공했다면 인류는 범용 계산이 가능한 컴퓨터를 실제 역사보다 거의 100여 년 먼저 가지게 되었을 것이다. 20세기에 만들어진 범용 컴퓨터가 반도체 기술을 이용해 소형화와 성능 향상을 비약적으로 이루기는 했지만, 배비지가 상상한 기계식 분석 기관과 우리 책상 위에 놓인 컴퓨터는 이론적으로 동일하다. 배비지와 함께 분석 기관을 연구한 에이다 러브레이스Ada Lovelace• 는 최초의 프로그래머로 불리는데, 그녀는 분석 기관을 요즈음의 컴퓨터처럼 하드웨어와 소프트웨어로 나누어 생각했다. 어떤 의미에서 라이프니츠와 배비지는 자신들이 만든 기계를 이미 일종의 인공 지능으로 봤을지도 모른다. 계산이란 그때까지 절대적으로 인간의 영역이었고, 기계가 범용의 계산을 한다는 것은 그만큼 충격적인 일이었기 때문이다.

• 에이다 러브레이스(1815~1852)는 영국의 수학자이며, 낭만파 시인 바이런의 딸이다. 자유분방한 바이런은 애나벨라 밀뱅크와 결혼 후 러브레이스가 태어난 지 한 달 만에 이혼했으며, 넉 달 뒤에는 영국을 영영 떠나고 말았다. 남편의 방랑벽을 일종의 광기로 본 러브레이스의 어머니는 딸이 똑같은 기질을 이어받을까 두려워한 나머지, 논리학과 수학을 가르쳐서 이를 막아 보려고 했다. 그 결과 에이다는 영국의 수학자 찰스 배비지와 분석 기관에 대한 연구를 수행할 수 있었다. 어머니의 바람과 달리 러브레이스는 평생 아버지에 대한 그리움을 지울 수 없었고, 서른여섯에 세상을 떠난 뒤 결국 아버지 곁에 묻혔다. 러브레이스는 이탈리아의 공학자 루이기 메나브레아Luigi Menabrea가 분석 기관에 대해 남긴 글을 영어로 번역하였다. 여기에 그녀가 남긴 주석에는 최초의 컴퓨터 프로그램으로 볼 수 있는 내용이 포함되어 있어서 초기 컴퓨터 역사의 중요한 자료로 평가받는다. 20세기 들어 앨런 튜링 등에 의해 업적이 재조명되었으며, 1980년 미 국방부는 난립하던 컴퓨터 프로그램 언어들을 통합하고 이 언어를 '에이다'라고 명명했다.

발명 영역에 속하던 기계식 계산기에 정교한 이론적인 토대를 부여한 것은 영국의 수학자 앨런 튜링Alan Turing* 이다. 그가 남긴 가장 중요한 업적 중 하나인 계산 이론과 튜링 기계는 현대 컴퓨터 과학 전체를 꿰뚫는 이론적 기반인 만큼, 이 책에서 그 전체를 자세하게 알아보기는 어렵다. 여기서는 튜링의 업적이 지닌 역사적인 맥락과 기본적인 개념을 살펴본다.

튜링 기계를 이해하기 위해 먼저 알아야 할 용어는 알고리즘algorithm이다. 알고리즘이란 주어진 계산을 기계가 수행할 수 있도록 계산 과정을 정형적 기호를 이용해 단계별로 적어 놓은 지시 사항이라고 할 수 있다. 여기서 중요한 것은 '기계가 수행할 수 있도록'이라는 부분이다. 예를 들어 보자. 서로 다른 여러 개의 임의의 숫자를 주고, 이 중 가장 큰 숫자를 찾는 문제가 있다고 하자. 만약 주어진 숫자가 대여섯 개라면, 사람은 어렵지 않게 숫자들을 한눈에 보고 가장 큰 수를 찾을 수 있다. 하지만 기계, 즉 컴퓨터가 이 문제를 푸는 방법은 다음과 같다.

* 앨런 튜링(1912~1954)은 영국의 수학자이자 암호학자이다. 1935년 22세에 한계 중심 정리를 증명한 학사 논문에 근거해 케임브리지 대학의 연구원으로 발탁되었으며, 1937년에 괴델의 불완전성 정리를 이용해 힐베르트가 1928년에 제시한 결정 문제의 해결이 불가능하다는 논문을 발표한다. 이 논문에서 사고 실험으로 제시한 개념인 튜링 기계는 오늘날 우리가 아는 컴퓨터의 이론적인 기반이 된다. 2차 세계 대전 중에는 영국의 비밀 암호 해독 기지인 블레츨리 파크에서 독일군이 사용한 에니그마 암호를 해독하는 데 큰 공을 세웠다. 전쟁 후에는 생물학에서 개체 발달 과정을 수학적인 모델로 설명하는 등의 업적을 남겼다.

1. 주어진 숫자에 일련번호를 부여한다.
2. 일련번호 1번에 해당하는 숫자가 가장 큰 수라고 가정하고, 이를 임시 저장소에 기억한다.
3. 일련번호 2번부터 나머지 번호를 하나씩 임시 저장소에 기억해 둔 숫자와 비교한다. 만약 임시로 저장해 둔 숫자보다 더 큰 숫자를 만나면, 임시 저장소에 기억해 둔 숫자를 새로운 숫자로 바꾼다.
4. 남은 숫자들과의 비교를 모두 마쳤을 때 임시 저장소에 기록된 숫자가 가장 큰 숫자이다.

알고리즘을 시각적으로 표현하는 방법인 순서도를 이용해서 가장 큰 수를 찾는 알고리즘을 나타내면 다음 그림과 같다.

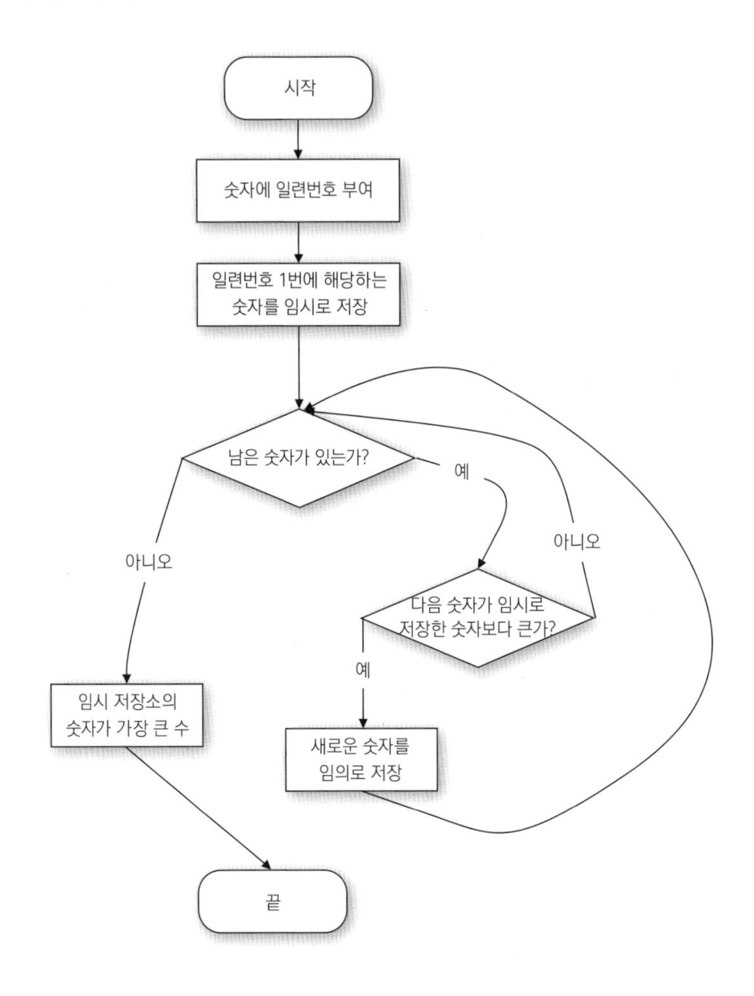

주어진 숫자 중 가장 큰 수를 찾는 알고리즘의 순서도.

도대체 가장 큰 수를 찾는 것 같은 간단한 문제를 왜 이렇게 복잡해 보이는 알고리즘이라는 걸로 푸는지 의문을 가질 수도 있다. 여기서 중요한 점은 앞서 말했듯이 알고리즘은 기계가 (문제를 해결하기 위해) 수행할 수 있는 지시 사항이라는 점이다. 기계는 순서도의 화살표를 따라 단계별 업무를 수행한다. 순서도에서 직사각형으로 표시된 단계는 단순히 주어진 명령을 수행하라는 뜻인 반면, 마름모꼴로 표시된 단계는 주어진 질문에 대한 답에 따라 다음 명령어가 달라진다는 뜻이다(전문 용어로 분기 명령어라고 한다). 주어진 숫자가 {1, 5, 2} 세 개라고 가정한 다음 우리도 기계처럼 문제를 풀어 보자.

- 일련번호를 부여(1번: 1, 2번: 5, 3번: 2)한다.
- 임시로 1번 숫자 1이 가장 크다고 저장한다.
- 아직 2개의 숫자(2번과 3번)가 남아 있다. (예)
- 다음 숫자(2번: 5)가 임시로 저장한 숫자(1번: 1)보다 크다. (예)
- 새로운 숫자(2번: 5)를 임시로 저장한다.
- 아직 1개의 숫자(3번)가 남아 있다. (예)
- 다음 숫자(3번: 2)가 임시로 저장한 숫자(2번: 5)보다 크지 않다. (아니오)
- 남은 숫자가 없다. (아니오)
- 임시 저장소의 숫자(2번: 5)가 가장 큰 수이다.

그렇다면 사람은 주어진 숫자의 개수가 3개가 아니라 200, 300개일 때 이 문제를 어떻게 풀까? 재미있게도 사람 역시 위에 적은 알고리즘처럼 기계적으로 문제를 풀게 되리라는 것을 쉽게 알 수 있다. 헷갈리지 않게 숫자를 한 개씩 손가락 또는 연필로 짚어 가면서, 머릿속에 임시로 기억한 가장 큰 숫자와 차례로 비교해 나가는 것이 가장 정확한 방법 아닐까? 그러나 주어진 숫자의 개수가 200만 개, 300만 개라면 사람은 어디선가 실수를 할 확률이 높은 반면, 컴퓨터는 알고리즘을 정확하게 수행하는 한 늘 정확한 답을 내놓을 수 있다.

가장 큰 수를 찾는 알고리즘은 간단하지만, 컴퓨터 과학은 숫자를 크기 순서대로 정렬하는 알고리즘부터 개인 정보 보호를 위한 복잡한 암호화 알고리즘, 심지어 주식 시장에서 사람의 개입 없이 자동으로 매수와 매매를 할 수 있는 거래 알고리즘까지 수없이 많은 알고리즘으로 가득 차 있다. 알고리즘은 우리가 사용하는 소프트웨어를 구성하는 뼈대다.

알고리즘, 결정 문제, 튜링 기계

1928년 힐베르트는 결정 문제를 제시했다. 그 해답의 중요성과 복잡성과는 달리 질문 자체의 내용은 생각보다 간단하다.

> 입력으로 주어진 임의의 일차 논리식이 주어진 공리하에 참인지 아닌지를 언제나 결정할 수 있는 알고리즘이 존재하는가?

'결정 문제' 자체는 주어진 논리식이 참인지 아닌지만을 답할 것을 요구하지만, 실제로는 논리식의 내용을 통해서 더 넓은 범위의 문제를 풀 수 있다. 앞에서 예로 든 {1, 5, 2} 세 개의 숫자 중 가장 큰 숫자를 찾는 문제를 결정 문제로 환원하면 다음 논리식 세 개를 가지고 세 번의 질문을 하면 된다.

- 1이 {1, 5, 2} 중 가장 큰 숫자이다. (거짓)
- 5가 {1, 5, 2} 중 가장 큰 숫자이다. (참)
- 2가 {1, 5, 2} 중 가장 큰 숫자이다. (거짓)

결국 힐베르트가 물은 것은 정형 추론, 즉 알고리즘으로 계산이 불가능한 문제가 있느냐는 것이다. 라이프니츠가 궁금해했던 바로 그 질문이다. 결정 문제에 대한 답이 "예"라면 어떤 계산 문제든지 그에 해당하는 1차 논리식을 구한 다음 만능 알고리즘에게 질문만 하면 될 테니 말이다. 당연히 힐베르트, 그리고 완벽하고 아름다운 체계로서의 수학을 정립하기를 원했던 20세기 초의 많은 수학자들이 원했던 답은 "예"였다.

이들 수학자들에게 충격과 공포를 선사한 것은 수리 논리학자 쿠르트 괴델Kurt Gödel[•]이 내놓은 불완전성 정리였다. 괴델의 불완전성 정

• 쿠르트 괴델(1906~1978)은 오스트리아 출신의 논리학자이자 수학자이다. 괴델의 불완전성 정리는 수학과 같은 논리 체계가 스스로의 완전성을 증명할 수 없다는 결론으로 20세기 지성사에 큰 충격을 안겼다.

리를 간단히 말하면 이렇다. 산술 체계처럼 내부에 모순이 없는 공리 체계는 모두 참이지만 그 자체 안에는 증명이 불가능한 명제가 포함돼 있다. 또한 공리 체계는 자기 내부에 모순이 없음을 스스로 증명할 수 없다. 말하자면, 괴델은 하나의 공리 체계인 수학은 수학을 이용해서 수학 자체에 모순이 없음을 증명할 수 없다고 단언한 것이다. 그 자체로서 완결되고 모순이 없는 아름다운 수학적 체계를 원했던 수학자들에게 이는 쉽게 받아들일 수 없는 엄청난 선언이었다.

괴델 바로 다음에 앨런 튜링이 등장한다. 튜링은 괴델의 불완전성 정리가 사용한 증명 기법을 이용해서 힐베르트의 결정 문제에 "아니오"라고 답했다. 결정 문제에 "예"라고 답하기 위해서는 어떤 일차 논리식이든 참/거짓을 판별할 수 있는 알고리즘이 존재해야 한다. 하지만 튜링은 어떤 알고리즘도 참/거짓 중 하나로 답을 결정할 수 없는 (불완전성 정리의 표현을 빌면, 참/거짓을 증명하기가 불가능한) 문제가 존재한다는 반례를 들어서 "아니오"라는 답을 이끌어 냈다. 이 과정에서 튜링이 남긴 중요한 결과물이 두 가지가 있는데, 하나는 계산 가능성 이론이고 또 하나가 튜링 기계이다. 계산 가능성 이론은 주어진 문제의 답이 계산 가능한지 아니면 아예 결정 불가능인지를 연구하는 이론으로, 수학 이론의 범주에 속한다. 튜링 기계는 튜링이 계산 가능성 이론을 탐구하면서 이용한 사고 실험 속의 기계로, 주어진 알고리즘을 수행할 수 있는 가상의 기계이다. 튜링이 상상한 기계는 반도체를 이용한 오늘날의 컴퓨터보다는 배비지가 만들려고 시도했던 분석 기관에 더 가까워 보인다. 1948년에 쓴 〈지능을 가진 기계Intelligent Machinery〉라

는 에세이에서 튜링은 튜링 기계를 다음과 같이 설명한다.•

> …… 무한한 저장 공간은 무한한 길이의 테이프로 나타나는데 이 테이프는 하나의 기호를 인쇄할 수 있는 크기의 정사각형들로 쪼개져 있다. 언제든지 기계 속에는 하나의 기호가 저장되어 있고 이를 '읽은 기호'라고 한다. 이 기계는 읽은 기호를 바꿀 수 있는데, 그 기계의 행동은 오직 읽은 기호에 의해 결정된다. 테이프는 앞뒤로 움직일 수 있어서 모든 기호들은 적어도 한 번씩은 기계에게 읽힐 것이다.

반도체가 아닌 테이프를 이용하는데다가 실재하기는커녕 가상의 기계였던 튜링 기계가 컴퓨터의 이론적 토대가 된 이유는, 튜링이 단순히 기계 한 대로 알고리즘 하나를 구현하는 데서 나아가 보편 튜링 기계라는 것을 제안했기 때문이다. 보편 튜링 기계는 다른 어떤 튜링 기계의 기능(즉 알고리즘)도 흉내 낼 수 있는 기계이다. 어떻게? 가상의 테이프에 알고리즘의 입력값뿐 아니라 알고리즘 자체를 저장해 두고 읽으면 된다. 어려운 이야기 같지만 이렇게 생각해 보자. 우리가 컴퓨터 한 대로 게임도 하고 워드 프로세서도 사용할 수 있는 것은, 서로 다른 프로그램을 하드디스크에 저장해 두고 필요에 따라 읽어서 실행하면 되기 때문이다. 우리가 사용하는 개인용 컴퓨터가 바로 보편 튜링 기계인 것이다. 지금은 모든 개인용 컴퓨터가 이런 식으로 작동하기 때문에 그 개념에 따로 이름을 붙이는 것 자체가 낯설지 모르지만, 컴퓨터 역사에서 이 개념은 '프로그램 저장형 컴퓨터'라고 불린다. 프

• 물론 튜링 기계라는 이름은 튜링 자신이 붙인 것이 아니고 나중에 만들어진 것이다. 에세이에서 튜링은 계산 기계computing machine라는 표현을 주로 사용한다.

로그램 저장형 컴퓨터의 구조에 큰 공헌을 한 또 다른 천재 수학자 존 폰 노이만John von Neumann[•]은 보편 튜링 기계의 개념을 잘 알고 있었으며, 이를 직접적으로 응용한 것으로 보인다.

굉장히 먼 길을 돌아왔지만, 이쯤에서 컴퓨터와 전기밥솥을 비교했던 것을 떠올려 보자. 컴퓨터가 다양한 기능을 수행할 수 있는 것, 다시 말해 다양한 알고리즘을 실행할 수 있는 것은 바로 튜링의 계산 이론과 보편 튜링 기계에 기반을 두었기 때문이다. 사실 결정 문제에 대한 부정적인 해답과 계산 가능성 이론에 대한 수학적 성과 자체는, 튜링과 거의 같은 시기에 튜링의 박사 과정을 지도하기도 했던 수학자 알론조 처치Alonzo Church[••]에 의해 독립적으로 발견되었으며, 둘의 발견은 처치-튜링 정리Church-Turing thesis라는 이름으로 불린다. 그럼에도 초기 컴퓨터 역사에서 튜링이 큰 영향을 미친 것은 튜링의 계산 이론이 보편 튜링 '기계'라는 형태로 표현되었기 때문이다. 더 순수 수학에 좀 더 가까웠던 처치의 증명에 비해 튜링은 같은 개념을 좀 더 직관적이면서, 가상이긴 하지만 기계적인 작동 구조를 통해서 보여 주었다. 그 결과 튜링 기계는 프로그램 저장형 컴퓨터라는 추후의 공학적 성과에 이론적인 밑바탕이 되었다.

• 존 폰 노이만(1903~1957)은 헝가리 출신의 수학자이자 물리학자, 그리고 발명가이다. 게임 이론과 양자 물리학에 큰 업적을 남겼다. 그가 설계한 폰 노이만 컴퓨터 구조는 프로그램과 데이터를 같은 메모리에 저장한다는 개념을 도입했는데, 오늘날 우리가 사용하는 모든 컴퓨터가 같은 구조를 따른다.

•• 알론조 처치(1903~1995)는 미국의 수학자이다. 힐베르트의 결정 문제를 해결하는 과정에서 람다 대수를 고안했는데, 뒤에 이것이 튜링 기계와 같은 계산 능력을 가진다는 것을 보였다. 튜링의 박사 학위 지도 교수였으며, 둘의 연구를 아우른 결과가 훗날 처치-튜링 정리로 불리게 된다.

인공 지능과 튜링 테스트

지금까지 살펴본 튜링 기계와 계산 이론은 컴퓨터의 기초는 되었을지라도 인공 지능과는 별로 관계가 없어 보일지 모른다. 하지만 튜링은 튜링 기계의 범용성에서 이미 (인공) 지능을 예견했다. 앞서 인용한 〈지능을 가진 기계〉에서 튜링은 지면의 상당 부분을 튜링 기계를 상세히 설명하는 데 바쳤지만, 글의 서두는 다음과 같이 시작한다.

> 나는 이 글에서 기계가 지적인 행동을 하는 것이 가능한가라는 질문을 검토해 보자고 제안한다. 대부분의 사람들은 스스럼없이 그런 일은 불가능하다고 말할 것이다. '기계처럼 행동한다'든지 '순전히 기계적인 움직임' 같은 표현이 흔히 쓰이는 것은 이런 태도를 나타내는 증거라고 할 수 있다. 왜 사람들이 이런 태도를 보이는지를 짐작하는 것은 어렵지 않다. 그 이유로는…….

그런 다음 튜링이 열거하는 이유 중에는 "기계가 인간의 능력에 맞서는 것을 용납할 수 없어서," "인간이 지능을 창조한다는 것은 종교적인 믿음에 위배되므로" 등이 포함되어 있다. 튜링 기계를 단순히 사람이 시키는 일만 해내는 일종의 계산기로 보았다면 굳이 언급하지 않았을 이유들이다. 보편 튜링 기계를 설명한 뒤 튜링은 인공 지능의 문제를 본격적으로 거론한다.

“ '생각하는 기계'를 만드는 방법 중 하나는 인간의 신체 전체를 목표로 한 뒤 각 부분을 기계로 대체하는 것일 테다. 이 기계는 텔레비전 카메라, 마이크로폰, 스피커, 바퀴, 모터 장치 외에 일종의 전기 뇌를 가져야 할 것이다. 이는 물론 엄청난 작업이다. 오늘날의 기술로 제작한다면 그 크기는 — 뇌를 따로 두고 원격으로 조종한다고 해도 — 어마어마할 것이다. 이 기계가 뭔가를 스스로 배우려면 시골길을 돌아다니게 내버려 둬야 할 텐데, 일반 시민에게 큰 위험이 될 수 있다. (……) 대신, 신체 없이 '뇌'만을 만들고, 시각, 청각과 말할 수 있는 능력만을 준다고 생각해 보자. 이제 우리는 이 기계가 자신의 능력을 발휘할 수 있는 사고思考 분야를 찾아야 한다. 다음 분야가 유망해 보인다.

1. 체스, 오목, 브리지, 포커와 같은 다양한 게임
2. 언어 학습
3. 자동 번역
4. 암호학
5. 수학

이 중 1번과 4번, 그리고 그보다는 못하지만 3번과 5번의 경우 외부 세계와 별다른 접촉을 필요로 하지 않는다는 점에서 특히 적합하다. ”

인공 지능 연구에 튜링이 남긴 또 하나의 업적은 기계가 정말 지능을 가졌는지 아닌지를 판단하는 기준으로 그가 제시한 튜링 테스트Turing test이다. 튜링은 1950년에 발표한 논문 〈계산 기계와 지능Computing Machinery and Intelligence〉에서 튜링 테스트를 자세히 설명하고 있다. 이 논문은 인공 지능 연구의 고전으로 손꼽힌다. 그런데 튜링은 비슷한 아이디어를 이미 1948년부터 가지고 있었던 것 같다. 〈지능을 가진 기계〉 말미에는 "감정적인 개념으로서의 지능Intelligence as an Emotional Concept"이라는 짤막한 장이 있다. 그리 길지 않으니 여기에 옮겨 보자.

> 상대방이 얼마나 지적으로 행동하는지를 평가하는 것은 상대방이 가진 특성만큼이나 우리 자신의 상태와 훈련 정도에 따라서도 결정된다. 만약 상대방의 행동을 빤히 설명하고 예측할 수 있거나, 상대가 아무런 계획성 없이 행동한다고 느낀다면 지능이 있다고 여길 여지가 별로 없을 것이다. 따라서 같은 물체를 놓고도 누군가는 지능이 있다고 여기는 반면 다른 사람은 지능이 없다고 주장할 수도 있다. 두 번째 사람은 해당 물체가 작동하는 규칙을 파악해 버렸기 때문이다.
>
> 우리가 지능에 대해 지금까지 아는 것만 가지고도 위의 특징을 이용해서 작은 실험을 고안해 볼 수 있다. 썩 나쁘지 않은 수준의 체스 게임을 할 수 있는 종이 기계•를 고안하는 것은 어렵지 않다. 세 명의 실험 참가자 A, B, C가 있다고 하자. A와 C는 체스 실력이 별로 좋지 않

• 종이 기계란, 독자들이 가장 큰 수를 찾는 알고리즘을 머릿속으로 실행했듯이, 알고리즘을 종이에 적어 사람이 보고 실행하도록 한 기계를 말한다. 실제로 튜링은 종이 한 장에 적을 수 있는 체스 알고리즘을 고안해 냈다.

아야 하고, B는 종이 기계를 작동해야 한다(종이 체스 기계를 신속하게 작동하려면 가능하면 B가 체스 선수이자 동시에 수학자인 편이 좋다). 체스의 한 수 한 수를 통신으로 주고받을 수 있게 한두 개의 서로 다른 방을 준비해서, C가 A 혹은 종이 기계 둘 중 하나와 체스를 두게 한다. C는 자기가 누구와 체스를 두고 있는지 알아내는 것을 어려워할 수도 있다(이것은 실제로 내가 수행했던 간단한 실험을 보다 이상적으로 적은 것이다). ❞

매우 짧은 분량으로 볼 때 1948년 이 글을 쓸 무렵의 튜링은 아직 튜링 테스트에 대한 아이디어를 완벽하게 가다듬지는 못했던 것으로 보인다. 하지만 그 핵심은 이미 여기에 정리되어 있다. C가 자신이 체스를 두는 상대가 사람 A인지 아니면 종이에 적힌 알고리즘, 즉 일종의 기계 역할을 하는 B인지 구별할 수 있느냐 없느냐라는 문제 말이다.

생각을 가다듬은 튜링은 2년 후 논문 〈계산 기계와 지능〉에서 본격적으로 튜링 테스트를 거론한다. 첫머리를 다시 한 번 "나는 기계도 생각할 수 있는가라는 질문을 고려해 보자고 제안한다"고 연 다음, 튜링은 '기계'와 '생각'이라는 단어의 뜻이 명확하지 않을 수 있으니 이를 대체할 수 있는 새로운 질문을 던지겠다고 한다. 그가 제시하는 것은 '흉내 내기 게임imitation game'• 이다. 게임의 참가자는 남자 A, 여자 B, 심판 C 세 명이다. 남자 A와 여자 B는 각각 X와 Y라고 이름 붙인 방으로 들어가서, 심판 C와 문자로만 메시지를 주고받는다. 심판은 게임에서 이기려면 X와 Y 방 중 어느 방에 여자가 들어가 있는지를 자신이 던진 질문에 대한 답을 통해 알아맞혀야 한다. 질문은 예를

• 튜링의 생애를 다룬 전기 영화의 제목이 바로 〈이미테이션 게임Imitation Game〉(2014)이다. BBC의 드라마 〈셜록〉에서 셜록을 연기해 유명해진 베네딕트 컴버배치가 튜링 역을 맡았다.

튜링 테스트. 심판은 상대를 보지 않고 컴퓨터 채팅을 통해 자유롭게 대화를 나눈 뒤 상대방이 사람인지 컴퓨터인지 맞춰야 한다. 튜링은 인간인 심판을 속일 수 있는 기계라면 그 기계는 생각할 수 있는 것이라고 주장했다.

들어 다음과 같을 수 있다. "방 X에 있는 사람의 머리 길이를 말해 주세요." 심판의 질문에 답함에 있어 남자 A의 목표는 심판이 잘못된 판단을 하도록 하는 것이고, 여자 B의 목표는 반대로 심판을 도와주는 것이다.

흉내 내기 게임을 설명한 다음 튜링은 다음과 같은 질문을 던진다. 만약 기계가 남자 A의 역할을 대신한다면 어떤 일이 벌어질까? 심판이 실제 인간인 남녀와 게임을 할 때와 비슷한 정도의 승률을 거둘 수 있을까? 만약 기계가 남자 A를 대신해도 심판의 승률이 달라지지 않는다면 기계가 지능을 가졌다고 할 수 있다는 것이다.• 심판이 던질 수 있는 질문에는 제한이 없다. 튜링은 다음과 같은 질문을 예로 든다.

• 논문의 후반부에는 A는 컴퓨터이고 B는 남자인 버전도 등장한다. 이 경우 A, B 모두의 목표는 심판 C를 속이는 것이다.

질문 포스교• 를 주제로 소네트를 써 보세요.

답변 이건 패스합니다. 시에는 소질이 없어서요.

질문 34957 더하기 70764는?

답변 (30초쯤 생각한 뒤에) 105721.

질문 체스를 둘 줄 압니까?

답변 예.

질문 나는 킹King이 K1에 있고 다른 말은 없습니다. 당신은 킹이 K6에, 룩Rook이 R1에 있습니다. 당신 차례입니다. 무슨 수를 두겠습니까?

답변 (15초쯤 생각한 뒤에) R–R8•• 체크메이트.

혹시 인공 지능에 관심이 있어서 이미 튜링 테스트라는 말을 들어 본 독자는 아는 내용과 조금 다른 흉내 내기 게임의 언급이 의아할 수도 있을 것 같다. 튜링이 논문에서 실제로 제안한 버전은 연구자들에 의해 원조 흉내 내기 게임(OIG: Original Imitation Game)이라고 불리는 반면, 우리가 오늘날 흔히 언급하는 튜링 테스트는 표준 튜링 테스트(STT: Standard Turing Test)이다. 표준 튜링 테스트에는 오직 심판과 피실험자 두 명만이 등장하며, 심판의 목표는 다른 방에 있는 피실험자와의 간접적인 대화를 통해 상대가 인간인지 컴퓨터인지 판단하는 것이다.

튜링 테스트는 지능을 재는 척도가 될 수 있을까? 먼저 밝혀둘 것

• 에든버러 앞바다의 포스Forth만에 놓인 철교로 1890년 완공되었다.

•• 체스 경기 진행 상황을 나타내는 표기법이다.

은 튜링 본인은 지능 검사를 목표로 튜링 테스트를 고안한 것이 아니라는 점이다. 논문의 서두에서 그는 자신의 의도는 '생각하다think'라는 단어를 대신할 수 있는 개념을 만드는 것이라고 밝혔다. 추상적이고 정의가 분명하지 않은 '생각하는 능력' 대신 구체적인 활동을 통해 같은 개념을 나타내는 것이 목표였던 것이다. 그런데 이를 염두에 두더라도, 튜링 테스트가 무엇을 나타내는지를 정확히 파악하는 것은 미묘하고 복잡한 일이어서, 연구자들마저도 튜링의 의도가 무엇이었는지를 두고 의견이 분분하다. 일례로 과학철학자 수잔 스터렛Susan Sterrett은 STT에 합격하기 위해서는 단순히 사람처럼 대화하는 기술이 필요한 반면 OIG에서 심판을 속이기 위해서는 이를 넘어서는 재치resourcefulness가 필요하다며 두 테스트가 서로 동일하지 않다고 주장한다. 그 밖에 튜링 테스트의 약점으로 지적되는 점은 대체로 다음과 같다.

- 인간의 행동이 늘 지능적이지도 않고, 지능적인 행동이 늘 인간적이지도 않다. 튜링 테스트는 이를 구분하지 않는다.
- 지능을 전혀 가지지 않고 대화의 기술만 흉내 냄으로써 튜링 테스트에 합격할 수도 있다.* 따라서 튜링 테스트는 상대가 지능을 가졌는지를 결정하는 수단으로 적합하지 않다.
- 튜링 테스트의 결과는 피실험자의 능력보다는 심판의 능력에 더 크게 좌우될 수 있으나, 튜링은 심판의 자질과 태도에 대한 언급을 하지 않는다.

* 앞으로 등장할 중국어 방 사고 실험, 그리고 일라이자와 패리 모두가 이 논의와 깊은 관계가 있다.

- 튜링 테스트에 합격하는 것은 그다지 실용적인 연구 목표가 아니다.[•] 튜링 테스트 합격을 목표로 하는 인공 지능 연구자는 이제 별로 남지 않았다.

위에 언급한 반론 모두가 어떤 면에서 정당한 것들이다. 그럼에도 튜링 테스트가 잊히지 않고 있는 것은 그 장점 또한 무시할 수 없기 때문이다. 첫째, 철학에서 신경과학에 이르기까지 누구도 지능이 무엇인지 포괄적인 정의를 하지 못하고 있는 시점에서, 단점이 있음에도 불구하고 실제로 수행 가능한 테스트가 가지는 힘을 무시할 수 없다. 둘째, 심판이 묻는 질문에 아무런 제한이 없기 때문에 튜링 테스트는 광범위한 분야에서 인공 지능의 능력을 평가할 수 있다. 실제로 사람처럼 대화하는 능력이 아닌, 미리 정해진 분야에서 인간 전문가와 같은 능력을 발휘할 수 있는지를 측정하기 위한 방법으로는 파이겐바움 테스트Feigenbaum Test[••]가 제안된 바 있다.

튜링 테스트와 관련해 한 가지 소개하고 싶은 것이 있다. 각종 인터넷 서비스에 가입할 때 다음 그림처럼 비틀린 모양의 글자를 읽고 그 글자를 그대로 입력했던 경험이 있을 것이다. 이 서비스의 정식 명칭은 CAPTCHA(Completely Automated Public Turing test to tell Computers and Humans Apart)이며, 서비스를 이용하려는 사용자가 자동화된 프로그램

• 이런 태도는 이미 인공 지능 연구의 주류 목표가 강한 인공 지능보다는 약한 인공 지능에 초점을 맞추고 있기 때문이다. 강한 인공 지능과 약한 인공 지능이 무엇인지는 다음 장에서 논의한다.

•• 미국의 컴퓨터 과학자 에드워드 파이겐바움이 2003년 자신의 논문에서 제시한 개념으로, 주제별 전문가 튜링 테스트Subject matter expert Turing test라고도 불린다. 파이겐바움 본인이 전문가 시스템으로 큰 업적을 남긴 데에서 영향을 받았다. 파이겐바움의 박사 과정 지도 교수가 허버트 사이먼이다.

reCAPTCHA의 예. following과 finding을 인식해서 입력해야 한다.

이 아닌 사람임을 증명하기 위해 사용된다(이는 프로그램을 이용해 가짜 계정을 대량으로 생성한다든지 하는 공격을 막기 위해서이다). 사람은 글자가 뒤틀려 있거나 다른 자국에 의해 어느 정도 훼손되어 있어도 판독할 수 있는 반면 광학 문자 인식(OCR: Optical Character Recognition),• 즉 컴퓨터는 훼손된 문자를 판독하기가 힘들기 때문이다. 그 작동 방식이 정확히 튜링 테스트다(물론 CAPTCHA라는 명칭 자체에 튜링 테스트가 언급되어 있어 독자들은 이미 눈치를 챘겠지만 말이다).

카네기 멜론 대학에서 CAPTCHA를 개발한 연구자들은 단순히 사람과 프로그램을 구별하는 것에 그치지 않고 좀 더 유익한 일에 쓰는 방법까지 고안했다. 그것이 다음 버전인 reCAPTCHA이다. 원래 버전과 달리 reCAPTCHA는 사용자에게 두 가지 단어 이미지를 보여준다. 이 이미지들은 스캔해서 디지털화하려는 책 또는 신문 기사에서 나온 것들이다. 이 중 하나는 컴퓨터가 이미 어떻게 읽어야 하는지 아는 단어이고, 따라서 사람이 이를 정확히 읽었는지 확인하면 원래

• 광학 문자 인식은 카메라를 통해 입력된 글자나 숫자의 형태를 보고 이를 기호로 인식하는 알고리즘이다. 반듯하게 인쇄된 글자는 상대적으로 인식이 쉽지만 오래되어 훼손되었거나, 손으로 날려 쓴 글자는 인식이 쉽지 않다. 인공 지능 기술의 일종인 인공 신경망이 광학 문자 인식에 어떻게 사용되는지는 3장에 설명되어 있다.

의 CAPTCHA와 같은 기능을 한다. 재미있는 것은 두 번째 단어인데, 이것은 컴퓨터가 어떻게 읽어야 하는지 모르는 단어이다. 만약 사용자가 첫 번째 단어를 올바르게 읽어서 CAPTCHA 테스트를 통과했다면, 두 번째 단어 또한 맞게 읽었을 확률이 높다(사람이니까). 이를 이용하면 컴퓨터가 OCR로 판독하기 힘든 단어를 알아낼 수 있지 않은가!

이 기발한 아이디어는 구글 북스Google Books와 〈뉴욕 타임스New York Times〉가 오래된 자료를 디지털화하는 데 성공적으로 적용됐다. CAPTCHA는 기계가 사람처럼 생각할 수 있는지 알아보기 위해 고안된 테스트를 이용해서 사람이 정말 사람인지를 테스트한다는 기발한 아이디어이자 우리 생활 가장 가까이에 와 있는 인공 지능 이론이다. 게다가 알게 모르게(?) 좋은 일까지 하는 재미있는 기술이다.

튜링은 짧은 생애 동안 오늘날의 컴퓨터를 가능하게 한 계산 이론부터 이를 바탕으로 지능을 가진 기계를 만드는 방법까지 인류에게 많은 선물을 주고 갔다. 그의 이론에 바탕을 둔 컴퓨터들이 만들어지고 더욱 강력해지면서, 인공 지능 연구도 단지 이론적인 가정이 아니라 실제로 구현할 수 있는 기술의 시대로 들어서게 된다.

지능이란 무엇인가

독일의 천재 수학자 칼 프리드리히 가우스Carl Friedrich Gauss(1777~1855)의 어린 시절에 대해 다음과 같은 이야기가 전해진다. 선생님이 아이들을 한참 동안 조용하게 만들려면 어떻게 하는 게 좋을까 궁리한 끝에 1부터 100까지의 자연수를 모두 더하면 몇인지 계산하라는 문제를 냈다. 덧셈을 99번이나 하려면 시간이 꽤 걸리겠지 하며 마음 놓고 기다리려던 선생님에게 어린 가우스가 금세 5050이라는 답을 내놓는다. 가우스가 1부터 100까지의 숫자를 더한 방법은 다음과 같다.

$$
\begin{aligned}
&\ \ 1 + 2 + 3 + \cdots + 48 + 49 + 50 + \\
&\ \ 100 + 99 + 98 + \cdots + 53 + 52 + 51 \\
&= 101 + 101 + 101 + \cdots + 101 + 101 + 101 \\
&= 50 \times 101 = 5050
\end{aligned}
$$

가우스는 1부터 100까지의 합을 '반으로 접으면' 합이 101인 숫자 쌍이 50개 생긴다는 패턴을 발견하고 이를 이용해서 계산을 마쳤다. 종이에 덧셈을 99번 해야 했던 다른 학생들에 비해서 당연히 빨랐을 것이다. 가우스가 보인 통찰력, 즉 주어진 문제 안에서 특정한 구조를 발견한 뒤 이를 이용해서 더 빨리 해답을 찾아 낸 능력이야말로 지능의 정수 중 하나라고 할 수 있다. 만약 우리가 강한 인공 지능을 만들 수 있다면, 해당 프로그램은 가우스와 비슷한 통찰력을 보여 주어야 할 것이다. 현재 우리가 가진 인공 지능은 가우스의 통찰력에 얼마나 가까이 접근한 것일까?

가우스의 일화를 잠시 접어 두고 좀 더 근본적인 질문을 해 보자. 인공 지능이란 대체 뭘까? 인공 지능은 사람이 만들어 낸 지능이라는 뜻이다. 그렇다면 이것은 곧 '지능이란 무엇인가'라는 질문으로 통한다. 그게 무엇인지 이해하지도 못하는 대상을 창조할 수는 없으니 말이다. 문제는 튜링 테스트에 대한 반론에서도 살펴보았듯이, 지능이 정확히 무엇인지를 정의하는 것이 결코 쉽지 않다는 점이다. 그렇다면 잠시 지능이란 무엇인지를 생각해 보자. 어느 날 내 앞에 미래에서 온 듯한 로봇이 등장한다면, 이 로봇이 어떤 행동을 해야 "아, 미래에서 온 완벽한 인공 지능이구나!"라고 인정하게 될까? 이 질문에 답하는 것은 생각보다 쉽지 않다. 게다가 연구자가 이 질문에 대한 답이 무어라고 생각하느냐에 따라 인공 지능 연구의 방향도 크게 달라질 수 있다.

튜링이 살았던 시대에는 범용 계산이 가능한 컴퓨터 하드웨어 자체가 최첨단의 기술이었기 때문에 튜링에게는 범용 계산 능력 자체가 어느 정도 지능을 뜻하는 것이었다. 하지만 딱딱 맞아 떨어지는 계산만 정확하게 한다고 해서 지능을 가졌다고 인정해 주기에는 미흡한 점이 한두 가지가 아니다. 튜링 이후의 인공 지능 연구자들이 계산 능력을 넘는 진짜 '지능'을 가진 기계를 만들고자 했을 때 그들이 생각한 지능이란 어떤 것이었을까?

지능에 대한 학문적 정의를 모두 검토하는 것은 책 한 권으로도 모자랄 방대한 작업인 만큼 여기서는 인공 지능과 관련해 중요한 몇 가지 정의를 살펴보는 것으로 만족하기로 하자. 1994년 52명의 과학자들이 함께 발표한 "지능에 대한 주류 과학의 입장"은 지능을 다음과 같이 정의한다.

> "추론하고 계획하며 문제를 해결하고 추상적 사고를 하며 복잡한 개념을 이해할 수 있을 뿐 아니라 빠른 시간 안에 경험으로부터 학습할 수 있는 매우 일반적인 정신적 능력. 지능은 단지 책에 적힌 내용을 외우는 것, 혹은 좁은 의미의 학문적 기술이나 시험을 보는 요령을 가리키는 것이 아니다. 지능은 더 넓고 깊은 의미에서 우리의 주변 환경을 이해하는 능력, '따라잡고,' '의미를 파악'하며 '다음 할 일을 깨닫는' 능력이다.
>
> – "지능에 대한 주류 과학의 입장," 〈월 스트리트 저널〉(1994. 12. 13)"

지능이란 단순히 복잡한 수학 문제를 척척 풀거나 사소한 역사적 사실을 모두 기억해 답할 수 있는 능력 이상이라는 것이다. 문제 해결이나 학습 능력은 100% 논리적 사고의 영역인 것 같지만 이는 풀고자 하는 문제가 추상적인 논리나 수학에 기반을 둔 경우에만 그렇다고 할 수 있다. 우리가 일상생활이나 사회에서 마주치는 다양한 문제를 해결하는 데는 논리만큼이나 감각과 지각 능력, 신체적 운동 능력, 타인에 대한 공감 능력도 필요하다(앞서 거론했던 OIG와 STT의 차이를 생각해 보자. OIG에서 상대가 남자인지 여자인지를 맞추는 데 정말 필요한 것은 지능일까, 아니면 상대방의 반응에서 미묘한 감정적인 변화를 읽어 내는 공감 능력일까?). 감각과 지각은 단순히 뇌에 정보를 공급하는 입력 장치 역할만 하는 것이 아니다. 왜 아기들의 '지능 발달'을 위해서 다양한 소리가 나는 장난감을 쥐어 주고 알록달록한 색깔로 된 숫자와 글자 그림을 보여 주는지 생각해 보자. 지능은 학습을 통해 계발되는데(지능의 정의 중 하나가 학습할 수 있는 능력이다), 학습은 결국 감각과 지각을 통해 이루어지기 때문이다.•

인지과학에서 널리 인용되는 커텔-혼-캐럴Cattell-Horn-Carroll 이론••은 지능을 넓게는 9개 영역에 해당하는 능력으로, 좁게는 70여 가지의 세부적 능력으로 구분해서 정의하는데, 이 중에는 시각/청각/촉각/후각 처리 능력뿐 아니라 운동 신경까지 포함돼 있다. 운동 신경이 지능에 포함될 수 있다는 점에 놀란 독자들이 있다면, 이어지는 정의는 더 놀라울지 모른다.

하버드 대학의 발달 심리학자 하워드 가드너Howard Gardner는 《다중 지능 이론Frames of Mind: The Theory of Multiple Intelligence》에서 지능이란 하나의 일반적 능력이 아닌 다양하고 서로 독립적인 능력의 집합이라고 주장한다. 논리/수리 능력이나 시각/공간 인지 능력같이 지능지수 검사를 통해 우리에게 이미 친숙한 지능뿐만 아니라 음악/리듬/화음 이해 능력, 대인 관계 감지력이나 자기 성찰 능력, 자연 환경과 교감할 수 있는 능력 및 존재론적 고민이나 종교적 성찰을 할 수 있는 능력같이 고차원적인 능력도 지능의 일부라고 가드너는 말한다.

이처럼 지능이란 수학적인 개념처럼 명확하게 정의할 수 있는 능

• 지능과 학습, 그리고 감각/지각의 밀접한 관계는 나중에 살펴볼 인공 지능 연구자 로드니 브룩스의 중요한 글인 〈표상 없는 지능〉의 기초가 된다.

•• 심리학자 레이먼드 커텔Raymond Cattell, 존 L. 혼John L. Horn, 존 비셀 캐럴John Bissell Carroll의 이름을 딴 이론이다.

력이 아니다. 어쩌면 지능에 대한 유일한 정의는 '미리 정의하는 것은 불가능하되 지능을 가진 존재끼리는 서로 알아본다'는 것일지도 모른다. 우리는 인간이고 우리가 아는 진정한 지능은 인간의 지능뿐이기 때문에, 우리의 시각에서 지능이란 '사람과 똑같이 생각하고 행동할 수 있는 능력'이라고 할 수 있다. 정의라고 하기에는 허술해 보일지 모르지만, 튜링 테스트가 제시한 목표야말로 이 정의에 부합하는 것이 아닐까? 튜링 테스트가 아직도 인공 지능 연구의 궁극적 목표로 남아 있는 이유는 이처럼 지능에 대해 포괄적으로 정의하고 있기 때문일 것이다. 문제는 튜링이 상상한 포괄적인 인공 지능이 아직도 머나먼 목표로 남아 있다는 점이다. 현재까지 이루어진 인공 지능 연구 성과를 좀 더 자세히 이해하기 위해, 우선 인공 지능을 분류하는 두 가지 범주(강한 인공 지능과 약한 인공 지능)에 대해 알아보자.

강한 인공 지능

튜링이 상상한 인공 지능, 즉 인간과 같거나 인간을 능가하는 지능을 가진 인공적 존재를 강한 인공 지능Strong AI이라고 부른다. 만약 인공 지능 연구가 눈부신 발전을 이뤄서 천재 수준의 강한 인공 지능을 만들 수 있게 됐다고 하자. 그 경우 우리는 이 인공 지능이 가우스가 어린 시절에 보였던 것과 같은 통찰력을 가질 것으로 기대할 수 있다. 단지 주어진 계산을 빨리 하는 컴퓨터가 아니라, 문제에 내재한 패턴과 구조를 인식하고 새로운 풀이 방법을 생각해 낼 수 있는 인공 지능 말이다.

인공 지능 연구 초기, 낙관에 가득찬 연구자들은 강한 인공 지능을 가까운 시일에 실현할 수 있는 목표로 보았다. 허버트 사이먼의 호언장담을 다시 떠올려 보자. 그는 1965년에 "앞으로 20년 안에 사람이 할 수 있는 어떤 일이든 기계도 할 수 있게 될 것이다"라고 선언했다. 영화 〈2001 스페이스 오디세이〉에 등장하는 인공 지능 컴퓨터 HAL 9000은 초기 인공 지능 연구자들이 상상한 강한 인공 지능이 어떤 모습이었는지를 잘 보여 준다(실제로 인공 지능 연구의 초기 개척자 중 한 명인 마빈 민스키가 HAL 9000을 디자인하는 데 자문위원으로 참여했다).

이러한 선언은 인공 지능 연구의 첫 황금기 동안 몇 차례나 반복됐지만, 1970년대에 이르러 연구자들이 강한 인공 지능을 만드는 것을 너무 쉽게 생각했다는 것이 밝혀진다. 지금도 강한 인공 지능은 인공 지능 연구의 궁극적 목표 중 하나로 남아 있지만, 아직도 가시적인 성과를 내는 데에는 크게 미치지 못하고 있다. 첫 번째 인공 지능 연구의 암흑기를 초래한 '기술적인' 문제점들은 앞서 살펴보았다. 여기서는 좀 더 고차원적인 문제점 두 가지(모라벡의 패러독스와 중국어 방 패러독스)를 살펴보자.

모라벡의 패러독스

인공 지능을 탑재한 컴퓨터로 하여금 다음 두 가지 임무를 수행하게 하려고 한다. 첫째는 사람을 상대로 체스 경기를 하는 것이고, 둘째는 인공 관절을 조절해서 사람처럼 걷는 것이다. 둘 중 어느 것이 더 어려울까? 사람에게 걷는 것은 매우 자연스러운 행동인 반면 체스는 오랜 시간을 들여 배워야 하는 게임이므로 언뜻 체스가 더 어렵다고 생각하기 쉽다. 하지만 한스 모라벡Hans Moravec* 은 실제로는 그 반대라고 지적한다. 고도의 추상적, 논리적인 작업은 얼마 안 되는 계산량을 통해서 수행할 수 있는 반면, 운동 능력이나 감각 능력을 사용하는 작업에 필요한 계산량은 엄청나게 많기 때문이다. 언뜻 우리의 직관과는 배치돼 보이는 이 결론을 '모라벡의 패러독스'라고 한다.

하지만 인공 지능과 로봇 공학의 역사는 모라벡의 지적이 사실임을 증명한다. 컴퓨터가 체스 경기에서 그랜드마스터를 꺾은 것은 1997년이다. 유명한 혼다Honda의 이족 보행 로봇인 아지모ASIMO가 등장한 것이 4년 뒤인 2000년이니 두 발로 걷는 로봇 또한 비슷한 시점에 등장했다고 할 수도 있다. 그러나 아지모의 최고 속도는 시속 9km 정도로 달릴 수 있다기보다는 빠른 종종 걸음을 걷는다고 하는 편이 어울린다. 최고의 체스 실력자였던 게리 카스파로프를 상대로 승리한 IBM의 딥 블루에 비교한다면, 아지모는 우사인 볼트와 100m 달리기를 해서 이길 수 있어야 딥 블루와 같은 수준이라고 할 수 있다. 하지만 아직 어림도 없는 이야기다.

* 한스 모라벡(1948~)은 미국의 로봇 공학자이자 미래학자이다. 기술의 발전을 통해 인류가 스스로의 물리적, 지적, 심리적 한계를 극복할 수 있다는 이른바 트랜스휴머니즘의 기수로 불린다.

혼다의 이족 보행 로봇 아지모는 2000년 개발된 이래 전 세계를 돌면서 과학 기술의 홍보 대사 역할을 했다. 미국 디즈니랜드 미래관에 고정 출연하고 있기도 하다.

모라벡의 패러독스를 곱씹으면서 초기 인공 지능 연구가 향한 방향을 검토해 보면, 연구자가 지능을 어떻게 생각하느냐에 따라 그가 만드는 인공 지능의 내용도 달라질 수 있다. 튜링을 비롯한 초기 연구자들은 대체로 수학이나 논리학, 전자 공학을 학문적 배경으로 가지고 있었다. 이들은 달리기를 할 수 있는 능력보다는 복잡한 수학 문제를 풀거나 체스를 두는 능력을 지능적으로 더 높은 수준으로 보았던 것 같다.

이처럼 '쉬운 문제는 어렵고, 어려운 문제는 쉬운'● 까닭은 왜일

● 인지과학자 스티븐 핑커Steven Pinker가 저서 《언어 본능The Language Instinct》에서 인공 지능 연구를 두고 한 표현이다.

까? 모라벡은 그 이유를 인류의 긴 진화 과정에서 찾는다. 모라벡에 따르면 인간과 똑같은 인공 지능을 만드는 것은 수억 년에 걸쳐 진화한 생명체인 인간의 작동 원리를 밝혀내고 재구성하는 일종의 역공학 reverse engineering이다. 인간의 작동 원리 중 운동 능력이나 감각 능력처럼 동물적 본능에 가까운 능력일수록 오랜 진화 과정을 통해 최적의 상태로 다듬어져 있으므로, 이를 재구성하는 것이 더 어렵다는 것이다. 반면 추상적, 논리적인 사고를 하는 지능은 상대적으로 새로운 능력이므로, 진화 과정을 통해 다듬어질 시간과 기회가 부족했고 그 결과 역공학을 통해 재구성하는 것이 더 쉽다는 것이다. 진화 과정에 바탕을 둔 모라벡의 설명은 매우 고차원적이고 추상적인 것이어서, 실제로 이를 입증하기는 쉽지 않지만 그가 지적한 패러독스는 강한 인공 지능 연구에 큰 영향을 주었다. 사람처럼 생각하는 기계가 가장 어려워하는 점은 복잡한 수학 문제가 아니라 걷기, 뛰기, 듣기, 보기, 만지기인 것이다.

중국어 방 패러독스

모라벡의 패러독스는, 천재 소년 가우스를 지적으로나 육체적으로 꼭 빼닮은 로봇을 만들고자 할 때, 소년 가우스의 수학 실력보다는 아침에 학교까지 걸어서 등교할 수 있는 능력을 흉내 내는 것이 훨씬 더 어렵다는 뜻이다. 그렇다면 수학 실력을 흉내 내는 것은 문제없을까? 가우스는 반복 계산을 하는 대신 새로운 풀잇법을 만들어 냈다. 같은 의미에서 인공 지능이 무에서 유를 만들어 내는 것은 가능할까? 만약 가능하다면 인공 지능이 행한 창조는 '인공' 지능을 프로그램한 사람이 간접적으로 행한 것일까, 아니면 사람의 도움을 전혀 받지 않고 컴퓨터가 직접 행한 것일까? 즉 컴퓨터가 가진 지능은 단순히 기계적인 흉내인가 아니면 진정한 지능인가?

미국의 철학자 존 설John Searle은 기계가 사람처럼 생각한다는 것이 과연 어떤 의미인가라는 역설적인 질문을 던졌다. 그가 튜링 테스트에 대한 반론으로 제시한 중국어 방 패러독스는 다음과 같은 사고 실험이다.

> "밀폐된 방에 중국어를 아는 사람과 똑같이 할 수 있는 인공 지능이 있는 컴퓨터가 있다. 이 컴퓨터는 다음과 같이 작동한다. 방 밖에서 한자가 적힌 종이 한 장을 방문에 난 작은 틈을 통해 방 안으로 집어넣는다. 그러면 컴퓨터는 종이에 적힌 글자를 인식한 다음, 지금까지 해 온 대화의 내용을 바탕으로 적당한 답이 될 만한 다른 한자를 골라서 인쇄한 다음 다시 문틈을 통해 방 밖으로 내보낸다. 방 밖에 있는 사람들은 이런 방식으로 컴퓨터와 대화를 계속할 수 있다."

여기까지는 아무런 문제가 없어 보인다. 주목할 것은 방 안에 있는 것이 컴퓨터라는 점이다. 다시 말하면, 이 컴퓨터가 실행하고 있는 인공 지능 프로그램의 소스 코드•를 보면 사람도 똑같이 따라 할 수

• 컴퓨터가 이해하는 프로그래밍 언어로 작성된 소프트웨어의 원본.

중국어 방 사고 실험. 방 안에 주어진 한자에 뭐라고 답해야 하는지 설명되어 있는 책 혹은 컴퓨터 프로그램이 있다면 중국어를 모르는 사람 또는 컴퓨터도 방 밖에 있는 관찰자들에게 유창한 중국어 실력을 가진 것처럼 보일 수 있다. 하지만 사람이나 컴퓨터나 중국어를 모르는 것은 마찬가지다.

있다(마치 튜링이 만들었다는 종이 체스 프로그램처럼 말이다). 계속해서 설의 논의를 따라가 보자.

> “이제 방 안에 컴퓨터 대신 중국어를 전혀 할 줄 모르는 사람이 인공 지능 프로그램의 소스 코드를 가지고 들어간다고 생각해 보자. 이 사람은 문 밖에서 종이가 들어오면 프로그램의 소스 코드를 참고해서 종이에 적힌 것이 무슨 글자인지를 판독한 다음, 다시 소스 코드를 한 줄 한 줄 따라 실행함으로써 문 밖으로 내보내야 할 글자가 어떻게 생겼는지를 알아낸다. 일단 글자가 어떻게 생겼는지 알면, 손으로 글자를 조심스럽게 그려서 문 밖으로 내보낸다. 방 밖에 있는 사람은 여전히 방 안에 있는 존재가 (사람이든 인공 지능이든 간에) 중국어를 할 줄 아는

존재라고 생각한다. ”

설은 우리에게 과연 이 사고 실험 속의 컴퓨터가 애초에 중국어를 할 줄 알았느냐고 묻는다. 중국어 방 사고 실험에서 정말로 중국어를 할 수 있었던 것은 컴퓨터도 아니고, 방 안에서 소스 코드를 가지고 시키는 대로 따라 한 사람도 아닌, 해당 프로그램을 개발한 사람뿐이라는 것이다. 컴퓨터가 수행한 업무는 사실 중국어를 전혀 할 줄 모르는 사람도 똑같이 할 수 있는 일이었다. 따라서 컴퓨터는 지능을 사용했다기보다는 자기가 무엇을 하는지 전혀 모르는 채 지시를 따랐을 뿐이다. 마찬가지로 인공 지능이 소년 가우스와 같은 문제 풀잇법을 발견한다고 하자. 적어도 현재까지는 그렇게 고차원적인 해법을 '스스로' 발견할 수 있는 인공 지능은 상상하기 어렵지만 말이다. 어쨌든 컴퓨터가 가우스와 같은 해법을 '자동으로' 발견하는 것이 가능하려면, 프로그래머가 컴퓨터에게 문제와 관련된 다양한 힌트(주어진 덧셈의 순서를 뒤집어도 보고, 접어도 보고, 짝/홀수 차례를 나눠서도 해보라는 등등)를 준 다음 이를 컴퓨터가 순서에 따라 이행해야 한다. 이 경우 누가 해법을 고안해 냈다고 할 수 있을지는 분명하지 않다.

중국어 방 패러독스는 강한 인공 지능이 지닌 철학적 한계를 지적한다. 컴퓨터에 구현된 인공 지능도 결국은 사람이 작성한 프로그램이므로, 프로그래머가 의도한 기능을 반복적으로 수행할 뿐 무언가를 진정 '이해'하거나 '의도'하거나 혹은 '자의식'을 가지고 있다고는 할 수 없다. 실험에 필요한 환경이 비슷한 데서 눈치챌 수 있듯이, 중국어 방 패러독스는 튜링 테스트에 대한 반론이기도 하다. 튜링 테스트를 통과한 인공 지능은 정말 지능이 있는 것인가, 아니면 아무런 생각은 없지만 단순히 대화하는 기술을 기계적으로 — 하지만 매우 훌륭하게 — 흉내 내고 있는 것인가? 답하기가 쉽지 않다.

존 설의 논의는 단지 철학자의 추상적인 공론에 불과할까? 실제 많은 인공 지능 연구자들은 기계가 진정 자의식을 가질 수 있는지 여부에는 별 관심이 없다. 그들은 컴퓨터가 진정 지능을 가졌는지, 단지 인간의 지능을 흉내만 내는지의 구분은 실용적인 측면에서는 별 의미가 없다고 보는 것이다. 그 결과 실용성에 무게를 둔 약한 인공 지능이 대두하게 된다.

약한 인공 지능

두 번의 암흑기를 거치는 동안 연구자들은 점차 야심적인 강한 인공 지능 연구 대신 현실적이고 실용적인 인공 지능을 궁리하기 시작한다. 인간의 지능을 총체적으로 재현하는 것이 지난하다면, 특정한 문제를 사람보다 빠르고 정확하게 해결하는 인공 지능은 더 수월하게 만들 수 있지 않을까? 이처럼 미리 정의된 특정 형태의 문제를 해결하기 위한 인공 지능을 약한 인공 지능이라고 부른다.

약한 인공 지능은 강한 인공 지능의 원대한 목표에 비해 시시하다고 생각할지 모르지만 그것은 편견이다. 지금까지 우리의 삶에 실질적인 도움을 준 인공 지능 기술은 대체로 약한 인공 지능이라고 보아도 무방하다. 약한 인공 지능은 아침에 "안녕하세요, 오늘은 날씨가 참 좋죠?"라고 자연스럽게 인사를 건넬 줄은 모르지만, 복잡한 전자 회로에 최대한 빽빽하게 부품을 배치한다든지, 휴대전화 신호 중계탑을 최소의 비용으로 최적의 위치에 배치한다든지 하는 문제를 그 어떤 인간보다 더 빠르고 정확하게 해결할 수 있다. 또 정상적인 전자 메일과 스팸 메일을 구분하고, 평소 영화 취향을 바탕으로 신작 영화를 추천하는 업무 또한 사람보다 훨씬 더 능숙하게 수행할 수 있다. 대신 약한 인공 지능은 중국어 방 패러독스 같은 인공 지능에 대한 반론에는 속수무책이다. 약한 인공 지능 연구의 목표는 오직 주어진 문제를 푸는 것으로, 인공 지능이 자의식을 가지고 풀었는지 아닌지에 대해서는 전혀 관심이 없다.

약한 인공 지능 기술이 이처럼 다양한 작업을 성공적으로 수행할 수 있는 비결은 컴퓨터가 가진 장점과 연결돼 있다. 컴퓨터는 '지능'을 가지지 않는 대신 방대한 양의 자료를 빠른 속도로 분석하며 복잡한 계산을 지치지 않고 수행할 수 있다. 이러한 장점들은 고차 발견법 meta-heuristic이나 기계 학습machine learning과 같은 기법을 통해 약한 인공 지능으로 연결된다. 약한 인공 지능의 범주에 속하는 기술에는 여러 가지가 있지만, 위의 두 기법을 간단하게 알아보자.

고차 발견법

'발견법heuristic'이란 한마디로 '문제를 해결하는 방법'을 가리킨다. 일반적인 의미에서의 발견법은 추상적인 문제의 답을 찾기 위해서 구체적인 예를 생각해 보거나 복잡한 문제를 풀기 위해 그림을 그려보는 식의 방법론을 말한다. 앞장에서는 문제를 해결하는 정형화된 방법을 '알고리즘'이라고 했는데, 그렇다면 '발견법'과 알고리즘의 차이는 무엇이고 고차 발견법은 무엇일까?

소년 가우스의 일화로 돌아가 보자. 가우스의 친구인 소년 A가 계산기를 이용해 오직 1에서 100까지의 숫자를 빨리 더하는 연습을 했다고 하자. 소년 A가 수행하는 것은 오직 1에서 100까지 숫자의 합을 정확하게 더하는 알고리즘이다. 소년 B는 조금 더 머리를 써서 100까지가 아니라 아무 숫자까지의 합이든 빨리 구하는 연습을 했다고 하자. 소년 B가 수행하는 것은 1에서 임의의 자연수 N까지의 합을 구하는 알고리즘이다. 당연히 A보다는 B가 더 다양한(?) 문제를 풀 수 있는 셈이지만, 두 소년 모두 숫자의 합만 구할 수 있다는 점에는 변함이 없다.

소년 B는 주어진 숫자 N이 너무 크면 계산기를 두드릴 때 손가락이 너무 아프다는 것을 깨달았다. 가우스가 사는 마을에 업무상의 이유로 1부터 자연수 N까지의 합을 많이 구해 본, 경험 많은 회계사 할아버지 C가 있다고 하자. 할아버지 C는 소년 B가 아무 숫자나 말하면 암산으로 1부터 그 숫자까지의 합을 알려주는 데 정확하지는 않지만 늘 근사치를 알려 준다. 이것이 바로 컴퓨터 과학에서 말하는 발견법이다. 즉 최적의 해답을 구하는 것이 너무 복잡하거나 오래 걸려서 불가능할 때 현실적으로 만족할 만한 근삿값을 구하는 계산 방법을 뜻한다. 대체로 발견법을 통해 찾은 근삿값은 최적의 답과 비교했을 때 더 쉽게 구할 수 있는 대신(즉 계산기를 손가락이 아플 때까지 두드리지 않아도 된다) 무언가 손해를 보게 되어 있다(결과가 정확하지 않으므로, 선생님이 내준 숙제를 할아버지에게 물어서 할 수는 없는 노릇이다).

좀 더 현실적인 예를 들어 보자. 온라인 쇼핑몰에서 고객들에게 상품을 배송하려고 한다. 우체국에서는 두 가지 배송 방법을 제시했는데, 작은 포장 상자는 내용물의 무게가 1kg을 넘지 않는 선에서 배송비가 2000원이고, 큰 포장 상자는 5kg을 넘지 않아야 하고 배송비는 6000원이다. 온라인 쇼핑몰의 생명은 빠른 배송이므로, 상품 포장에 걸리는 시간을 최소화해야 한다. 동시에 배송비도 최대한 아껴야 한다. 문제는 한 명의 고객이 여러 개의 상품을 한꺼번에 주문할 때 발생한다. 하나의 주문 내용을 몇 개의 소포로 나눠 발송해야 배송 시간도 줄이고 비용도 최소화할 수 있을까?

배송료를 아끼려면 큰 상자에 작은 상품 여러 가지를 다양한 조합으로 넣어서 무게가 초과되는지를 재 봐야 한다. 그러나 이 방법은 배송료는 아낄 수 있지만 여러 조합을 시도해 보는 데 시간이 많이 걸려서 배송이 느려진다. 따라서 이 경우에 적용할 수 있는 '발견법'은 1kg 미만의 상품은 무조건 따로 발송하는 것이다. 장점은 복잡한 생각할 필요 없이 빠른 속도로 상품을 포장해 배송 시간을 줄일 수 있다는 것이고, 단점은 배송료를 손해 보는 경우가 생길 수 있다는 것이다. 하지만 배송료와 배송 시간을 모두 감안한 '근사치의 해답'은 1kg 미만 상품은 무조건 따로 발송하는 것이 된다.

'발견법'은 대체로 적용할 수 있는 문제의 종류가 한정되어 있다. 각각의 문제마다 각각의 발견법이 있기 때문에, 문제 X에 대한 발견법으로 문제 Y를 풀 수 없다는 것이다. 앞서 살펴본 1kg을 기준으로 상품을 분류한다는 발견법은 특정 온라인 쇼핑몰에 국한된 해결책일 뿐이다. 대학의 강의 시간표에 강의실을 배정한다든지 지도에서 두 지점 사이를 오가는 가장 빠른 길을 찾는다든지 하는 문제에는 적용할 수 없는 것이다.

이에 반해 고차 발견법은 어떤 종류의 문제에나 적용해도 만족할 만한 근삿값을 구할 수 있는 문제 해결 방법이다. 말 그대로 문제의 종류를 가리지 않는 한 차원 높은 발견법이라는 뜻으로, 실용적인 인공 지능 연구가 낳은 기법이다. 어떤 문제에도 답을 찾을 수 있는 발견법이라니 매우 신통한 인공 지능처럼 보인다. 고차 발견법은 임의의 값이 정답에 얼마나 가까운지, 즉 임의의 값이 문제의 답이 되기에 얼마나 적합한지를 잴 수 있다는 가정하에서 작동한다. 이를 측정하는 방법을 '적합도 함수fitness function'라고 한다. 다시 가우스의 마을로 돌아가 보자. 가우스와 같은 반에 엉뚱한 생각을 잘 하는 소년 D가 있는데, 이 소년은 선생님이 1부터 100까지를 더하라고 하자 다음과 같이 풀었다.

"선생님, 1000이랑 5000 중에 뭐가 답에 더 가까워요?"

"5000이다."

"선생님, 그럼 5000이랑 6000 중에 뭐가 답에 더 가까워요?"

"5000이다."

"선생님, 그럼 5000이랑 5060 중에 뭐가 답에 더 가까워요?"

"5060이다."

"선생님, 그럼……."

(……)

물론 저렇게 친절하고 인내심 많은 선생님이라면 애초에 아이들을 조용히 시킬 생각으로 1에서 100까지 더하라고 하지도 않았겠지만 말이다. 아무튼 고차 발견법은 위와 같은 방식으로 작동한다. 발견법과 달리 고차 발견법은 주어진 문제가 무엇이든 간에 적용할 수 있다. 예를 들어 선생님이 1에서 100까지의 숫자 중 3의 배수만 더하라고 해도 소년 D는 똑같은 방법으로 문제를 풀 수 있다. 질문을 던지는 방법에 따라 시간이 더 걸리냐 덜 걸리냐의 차이가 있을 뿐이다.

세부적인 작동 방법에는 다양한 형태가 있지만, 고차 발견법의 기본은 시행착오를 거치면서 정답 후보의 적합도를 점차 높임으로써 답을 찾는다. 시행착오를 적게 겪을수록 더 성능이 뛰어난 고차 발견법이다. 시행착오가 무한히 허용된다면 영원히 계산을 계속해서 어떤 문제든 풀 수 있겠지만(소년 D가 "선생님, 답이 1이에요? 2예요? 3이에요?……"라고 질문을 계속하는 것을 상상해 보자), 이런 '포괄적 검색Exhaustive Search' 고차 발견법은 효율적이지 못해서 별로 환영받지 못한다. 고차 발견법이 시행착오를 줄이기 위해서는 정답 후보(소년 D가 선생님에게 하는 질문의 내용)를 효과적으로 고안해 내야 한다. 정답 후보를 생성하는 방법에 따라 다양한 종류의 고차 발견법이 존재하는데, 그 세부로 들어가면 개미가 페로몬을 이용해 먹이에 도달하는 길을 찾는 방법에서 착안한 발견법(개미 군집 알고리즘Ant Colony Algorithm ●)부터 다윈의 진화론을 응용해 점점 더 적합도가 높은 정답 후보를 찾아가는 방법(진화 연산Evolutionary Computation) 등 흥미진진한 세계가 펼쳐진다. '진화 연산'은 주어진 문제에 대한 해답을 유전자의 형태로 표현한 다음, 가상으로 생성한 개체군population 내부의 유전자들끼리 교배와 돌연변이를 일으킨다. 이렇게 생성된 자손들의 적합도가 부모들보다 높을 경우, 부모를 개체군에서 제외하고 자손을 포함시킨다. 진화가 거듭될수록 적합도가 높은 후손들이 개체군 내에 생겨나 결국 문제의 해답을 찾게 된다.

고차 발견법은 보기에 따라 매우 신기해 보일 수도 있고(진화를 이용한 계산이라니!) 시시해 보일 수도 있다(컴퓨터라서 빠를 뿐이지 결국엔 멍청하게 시행착오만 거듭하는 것 아닌가?). 하지만 고차 발견법은 대체로 사람이 손도 댈 수 없을 만큼 복잡한 문제에 성공적으로 적용된다. 또 사람에겐 불가능한 많은 양의 계산을 단시간에 반복하면서 시행착오를 거치다 보면 주어진 문제의 구조 또는 다양한 속성을 '발견'하게 되고

● 1992년 마르코 도리고Marco Dorigo의 박사 논문에서 처음 제안되었다.

이를 통해 문제 풀이의 효율을 높이게 되는 것이다. 이러한 계산적 통찰력은 사람이 한두 번 시도해 봐서는 쉽게 얻을 수 없는 것으로, 많은 양의 정보와 계산 업무를 지치지 않고 해내는 컴퓨터의 장점을 십분 활용한 문제 해결법이다.

고차 발견법은 이미 우리 생활 곳곳에 들어와 있다. 앞서 예로 든 강의 시간표 배정이나 지도상의 경로 찾기 같은 문제뿐 아니라 고밀집적 전자 회로에 부품과 회로를 배치하는 문제, 연비가 가장 좋은 제트 엔진을 설계하는 문제 등 고도의 공학적인 문제에서도 고차 발견법은 인간보다 더 뛰어난 답을 내놓고 있다. 어떤 의미에서는 인간의 지능을 이미 넘어선 셈이다.

기계 학습

기계, 즉 컴퓨터가 무언가를 배운다는 것은 어떤 의미일까? 앞서 살펴본 계산 이론에 따르면 컴퓨터는 오직 주어진 프로그램만을 실행할 뿐이다. 그런데 학습이란 몰랐던 지식을 습득한다는 뜻이다. 미리 주어진 프로그램에 포함되지 않은 지식을 습득한다는 것은 언뜻 계산 이론에 위배되는 말 같다. 하지만 '기계 학습'은 인공 지능의 다양한 갈래 중 가장 성공한 분야 중 하나이다. 기계 학습에서 말하는 학습이란 주어진 자료를 분석해서 일반화된 법칙을 이끌어 내는 것이다. 예를 들어 2주일 동안의 날씨를 기록한 다음 자료를 보자.

맑음 흐림 비

6월 1일	6월 2일	6월 3일	6월 4일	6월 5일	6월 6일	6월 7일
맑음	흐림	비	흐림	비	맑음	맑음
6월 8일	**6월 9일**	**6월 10일**	**6월 11일**	**6월 12일**	**6월 13일**	**6월 14일**
흐림	비	비	흐림	맑음	비	흐림

컴퓨터에게 이 자료를 준 다음, 오늘 날씨를 바탕으로 내일 날씨가 어떨지 예상하는 법을 학습시키고자 한다. 이를 위해 위의 자료를 바탕으로 오늘/내일 날씨를 정리하면 다음과 같다.

	내일: 맑음	내일: 흐림	내일: 비
오늘: 맑음	1/4	2/4	1/4
오늘: 흐림	1/4	0/4	3/4
오늘: 비	1/5	3/5	1/5

2주일 동안 맑은 날은 나흘간이다. 이 중 다음날 역시 맑았던 날은 6월 6일 하루뿐이므로, 주어진 자료를 바탕으로 예상할 때 오늘 날씨가 맑을 경우 내일도 맑을 확률은 $\frac{1}{4}$ 이다. 같은 방식으로, 오늘 날씨

가 흐릴 때 가장 확률이 높은 내일 날씨는 (흐린 날 나흘 중 사흘은 다음 날 비가 왔으므로) 비다. 바꿔 말하면, 컴퓨터는 주어진 자료로부터 '흐린 날 다음에는 비가 온다'는 일반화된 기상 지식을 습득한 것이다. 물론 컴퓨터가 '기상 지식을 배웠다'고 할 때 실제로 의미하는 것은 컴퓨터가 '주어진 자료로부터 확률 모델을 계산했다'는 것이다. 하지만 우리가 경험적으로 획득한 상당량의 지식이 어떤 의미에서는 확률적인 지식이 아닐까? 먼 옛날, 아직 기상학이 발달하기 전에도 사람들은 흐린 날씨가 다가올 비의 신호라는 것을 알고 있었다. 예제에 등장한 컴퓨터와 마찬가지로 경험을 통해 확률적인 지식을 습득했기 때문이다. 결국 '기계 학습'은 어떤 면에서는 사람이라면 누구나 본능적으로 가지고 있는 학습 방법을 확률에 기반을 둔 계산으로 바꿔 놓은 것뿐이다.

기계 학습이 성공할 수 있는 것은 방대한 양의 자료를 빠른 속도로 분석할 수 있는 컴퓨터 덕분이다. 자료가 존재한다면 컴퓨터는 2주일이 아니라 200년, 2000년에 걸친 기상 자료도 순식간에 분석할 수 있다. 뿐만 아니라 단순히 오늘/내일 날씨를 바탕으로 학습하는 것을 넘어서 지난 1주일/내일 날씨 혹은 날씨와 온도, 습도를 동시에 예측하는 것과 같은 더 복잡한 분석도 가능하다.

기계 학습 알고리즘은 학습에 사용한 자료의 양이 많으면 많을수록 더 정확한 결과를 내놓는다. 사람에 비유하자면, 더 많은 것을 경험한 사람일수록 지식이 풍부하다고 할 수 있는 것과 같다. 반면에 기계 학습 알고리즘의 단점 또한 학습에 사용하는 자료에 있다. 만약 알고리즘에 주어지는 자료가 편파적일 경우, 기계 학습은 올바른 확률적 지식을 얻을 수 없다. 예를 들어, 이상 기후로 2주일 내내 땡볕이 내리 쬐었던 관측 자료를 앞의 기상 지식 학습을 위해 사용한다면 컴퓨터가 학습한 날씨는 맑은 날뿐이므로, 흐린 날과 비 오는 날에 대한 어떠한 지식도 없어 흐린 날 다음에는 비가 온다는 지식을 얻을 수 없다. 마찬가지로, 기계 학습은 자신이 학습할 때 경험하지 못한 입력에 대해서는 어떠한 답도 할 수 없다. 앞서 본 2주일간의 날씨 자료로 기상 지식을 학습한 기계 학습 알고리즘에게, 천둥이 친 다음날의 날씨는 무엇이냐고 물으면 알고리즘은 아무런 답을 할 수 없다. 천둥이 친 날이 무엇인지 학습한 적이 없기 때문이다.

기계 학습 알고리즘은 다양한 온라인 서비스를 통해 우리 곁에 매우 가까이 와 있다. 온라인 쇼핑몰에서 해당 상품을 구매한 다른 고객들이 함께 구매한 상품을 추천한다든지, 음악 스트리밍 사이트에서 고객의 취향을 바탕으로 음악을 추천한다든지, DVD 구매 사이트에서 지금까지 구매한 DVD를 기반으로 새로운 영화를 추천하는 것 등은 모두 기계 학습을 통해 구매 패턴이나 음악, 영화 취향 등을 학습할 수 있기 때문에 가능한 일이다. 최근 널리 알려진 기술 용어 중 하나인 빅 데이터 또한 기계 학습과 긴밀한 관계가 있다. 기계 학습이 빅 데이터의 모든 것은 아니지만, 방대한 양의 자료로부터 의미 있는 패턴이나 상관관계를 파악해 내는 데 기계 학습 알고리즘들이 유용하게 사용되고 있다. 물론 이 경우에도 컴퓨터는 주어진 모델에 맞춰 자료를 반복적으로 분석할 뿐이기 때문에 결국 자료에서 의미를 이끌어 내는 데 필요한 통찰력은 분석가의 몫이다.

사람이 친절하게 이러이러한 적합도 함수를 이용해서 주어진 문제를 풀라고 설정해 주거나 여기 자료가 있으니 그중 이러이러한 변수를 학습하라고 지시한 뒤에야 실행되는 (융통성이나 자발성이 전혀 없는) 프로그램에 지나지 않는다는 점에서 약한 인공 지능은 그저 조금 기발한 계산 방법에 지나지 않는 것처럼 보일지도 모른다. 약한 인공 지능은 실제로는 지능이 아니라 단순한 도구에 지나지 않는 것일까?

단순히 작동 방식이 기계적이거나 반복적이라고 해서 약한 인공 지능에 속하는 다양한 문제 해결 방법을 폄하해야 할 이유는 없다. 사람이 문제를 해결하는 방법도 어느 정도 비슷하기 때문이다. 2차 방정식의 해를 구하는 근의 공식이나 다양한 인수분해 공식을 떠올려 보자. 실제로 수학 문제를 풀 때 매번 이전에 아무도 해본 적이 없는 창의적인 방법으로 근의 공식이나 인수분해 공식을 증명한 뒤 사용하는 사람은 아마 없을 것이다. 인간의 지능 또한 다양한 도구를 암기한 뒤 반복적으로 사용한다는 것을 떠올려 보면 강약의 구분을 초월한 미래의 인공 지능이 현재의 약한 인공 지능 기술을 도구로 사용하지 말아야 할 이유는 없다. 오히려 인간의 지능을 넘어서기 위한 방법으로 적극 고려되어야 할 것이다.

완전한 형태의 인공 지능은 강한 인공 지능과 약한 인공 지능의 두 범주 모두에서 성공을 거두어야 할 것이다. 두 가지 범주 중 더 어려운 문제는 물론 강한 인공 지능의 구현이다. 단순히 문제를 푸는 능력으로 측정되는 약한 인공 지능의 합격 기준에 비해 강한 인공 지능은 의식, 자유의지, 창의력, 상상력과 같이 고차원적인 개념과 연결되어 있다. 기술적으로 이런 개념을 어떻게 구현할 것인가의 문제 이전에 대답해야 할 여러 질문들이 있다. 예를 들어,

- 의식과 자의식은 인간에게만 고유한 것인가?
- 의식 없는 지능의 존재가 가능한가?
- 자유의지는 지능에 필수적인 존재인가? 만약 그렇다면 우리는 기계가 자유의지를 갖길 원하는가?

결국 우리는 강한 인공 지능 연구가 심리학, 뇌과학 그리고 철학과 윤리의 문제에까지 닿아있다는 사실을 다시 한 번 확인하게 된다. 강한 인공 지능이 제기하는 다양한 질문에 어떤 답을 하고 거기에 얼마만큼의 약한 인공 지능(다시 말해 도구)을 결합하느냐에 따라서 우리가 미래에 갖게 될 인공 지능의 모습이 결정될 것이다. 그 결과 미래에는 인공 지능이 인간을 추월하는 것은 불가능하게 될 수도 있고 인공 지능과 인간이 서로의 장단점을 보완해 돕게 될 수도 있다. 아니면 미래는 생각보다 어두울 수도 있다.

아직까지 인류는 스스로와 동등한 지능과 의식을 가진 존재와 만나 본 적이 없다. 또 인공 지능이 지닌 자의식과 윤리가 어떤 것일지 전혀 짐작도 할 수 없다. 그렇기에 영화 〈터미네이터〉에서 보여 주는 것처럼 인간과 기계가 대결하는 미래 또한 절대 오지 않는다고 장담

할 수는 없다. 가능성이 매우 낮고 앞으로도 낮을 것이라고 생각하기는 하지만 말이다.

유진 구스트만 Eugene Goostman

2014년에 튜링 사망 60주년을 기념해 영국의 레딩 대학이 개최한 튜링 테스트 대회에서 '유진 구스트만'이라는 이름의 러시아 챗봇이 우승했다. 러시아의 프로그래머 유진 뎀첸코Eugene Demchenko와 블라디미르 베젤로프Vladimir Veselov가 2001년에 만든 이 챗봇은 2001, 2005, 2008년 대회에서도 각각 2위를 차지한 바 있으며 꾸준히 업그레이드되어 왔다. 주최 측은 심사위원의 $\frac{1}{3}$ 이상이 상대를 인간이라고 믿으면 테스트를 통과한 것이라는 대회 규정을 들어 사상 처음으로 튜링 테스트를 통과한 인공 지능 프로그램이 나왔다고 요란하게 홍보했다. 하지만 튜링은 심사위원 $\frac{1}{3}$ 이상을 속이는 것을 합격으로 규정한 적이 없다. 허술한 대회 규정 말고도 유진의 승리는 튜링 테스트에 대해 여러모로 생각할 거리를 던져준다. 유진은 13세 우크라이나 출신 소년으로 '설정'되어 있는데, 이는 어색한 영어 문장과 빈약한 상식 수준을 감춰 보려는 의도인 셈이다. 유진의 강점은 실제 지능보다는 유머와 설정을 적절히 조합해 날카로운 질문을 피하는 대화의 기술에 있다. 대부분의 인공 지능 연구자들은 이 대회 결과에 회의를 표했다.

뢰브너상 Loebner Prize

미국의 발명가이자 사회운동가인 휴 뢰브너Hugh Loebner가 1990년 미국의 케임브리지 행동과학 연구소와 함께 제정한 튜링 테스트상이다. 뢰브너상 대회는 매년 개최되며, 시각/청각적 정보 및 글을 이해하는 것까지를 포함해 포괄적으로 튜링 테스트를 통과하는 첫 번째 인공 지능 프로그램에게 10만 달러의 상금이 약속되어 있다. 비교적 널리 알려진 튜링 테스트 대회임에도 불구하고 마빈 민스키와 같은 인공 지능 연구자들은 뢰브너상이 실질적으로 인공 지능 연구에 기여하는 바는 별로 없다는 비판을 가하기도 한다.

인공 지능을 바라보는 관점에는 크게 두 가지가 있다. 계산주의와 연결주의다. 계산주의는 인간의 뇌가 개념과 정보를 기호로 저장한 뒤 이를 마치 방정식을 풀 듯 조작함으로써 문제를 해결하거나 사고를 펼쳐 나간다고 본다. 따라서 인공 지능도 같은 방식으로 구현될 수 있다는 것이다. 반면 연결주의는 뇌의 생물학적 기제에 집중해 인공 지능 프로그램은 뇌를 구성하는 뉴런의 연결 방식을 닮아야 한다고 말한다.

우리의 뇌는 수많은 뉴런으로 구성돼 있고, 그것들의 연결망을 통해 기능한다. 지능은 바로 이러한 구조를 가진 뇌의 활동이라고 할 수 있다. 즉 각각의 뉴런이 어떻게 연결되고 활성화되느냐에 따라 외부 세계에 대한 감각, 사실을 종합하는 인식, 추상적 사고, 심지어 감정과 마음까지도 결정된다고 여겨진다. 과연 인공 지능은 인간의 뇌를 구현할 수 있을까? 그림은 요하네스 소보타Johannes Sobotta의 해부학 교과서에 실린 뇌 해부도.

인공 지능 설계도

기호, 연결, 학습

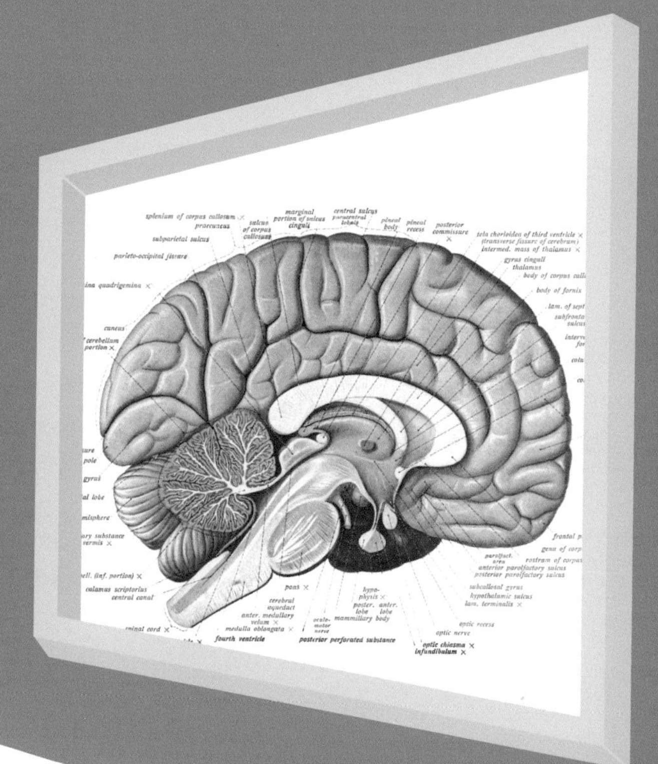

3 전시실

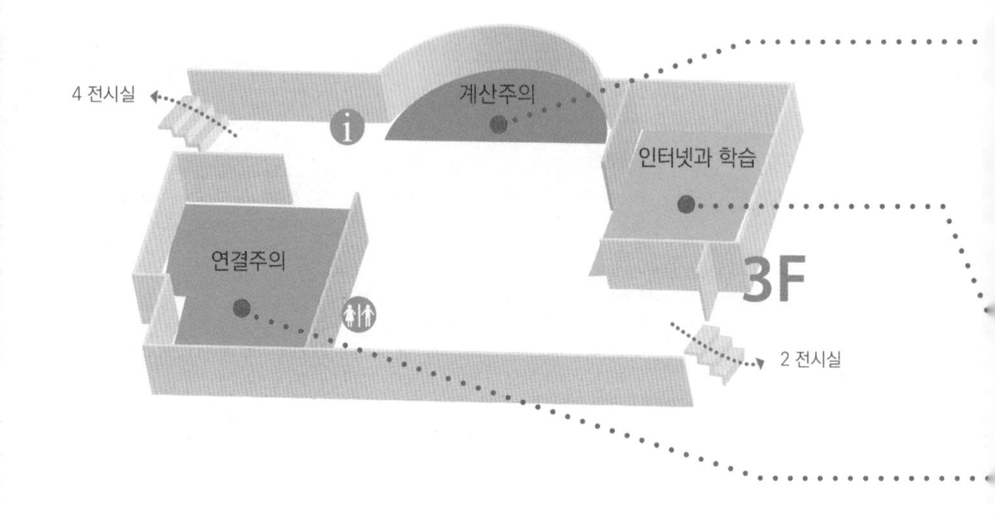

계산과 논리를 다루는 이성을 인공적으로 구현하는 방법은 시각과 청각을 구현하는 방법과 사뭇 다르다. 어찌 보면 당연한 이야기 같지만, 지능을 일종의 복잡한 계산으로 파악한 초기 연구자들은 이런 사실을 이해하기까지 수많은 시행착오를 거쳐야 했다. 한편 인터넷의 눈부신 발달은 자라나는 어린 인공 지능들에게 무한한 학습의 장을 제공하고 있다. IBM의 슈퍼컴퓨터 왓슨은 TV 퀴즈쇼에서 인간 참가자들을 물리치기 위해 단순히 지식만이 아닌 이 퀴즈쇼에서 이기기 위한 방법을 인터넷에서 배웠다.

계산주의

계산주의의 역사는 철학을 기호와 계산으로 치환하고자 했던 계몽주의 시대로까지 거슬러 올라간다. 인공 지능에게 시키고자 하는 일이 수학적, 논리적 계산뿐이라면 계산주의적으로 접근하는 것이 옳다. 하지만 계산주의는 컴퓨터 안의 가상 공간을 벗어나 복잡한 실제 세계를 다루는 데는 효과적이지 않음이 드러났다.

연결주의

철학적인 관점에서 비롯된 계산주의와 달리 연결주의는 생물학적 관점을 취한다. 인간의 뇌가 일종의 컴퓨터라면, 인공 지능 또한 뇌의 구조를 흉내 내는 방식이 되어야 하지 않을까? 연결주의는 지능을 셀 수 없이 많은 뉴런들이 서로 연결된 복잡한 연결망에서 발생하는 것으로 보고, 이를 재현함으로써 인공 지능을 만들려고 한다. 최근에 대두된 심화 학습 이론은 연결주의적 접근 방법의 최첨단에 선 것으로, 많은 학자들을 흥분시키고 있다.

인터넷과 학습

깔끔한 기호로 정리된 정보를 입력하는 것만으로 인공 지능이 복잡한 현실 세계를 파악하는 것이 불가능하다면, 대신 인공 지능으로 하여금 스스로 세상에 대한 지식을 학습하도록 해야 한다. 엄청난 양의 지식을 디지털 포맷으로 저장하고 있는 인터넷은 언젠가 나타날지도 모를 강한 인공 지능에게 더할 나위 없이 좋은 학교다.

진짜 위험은 컴퓨터가 사람처럼 생각하는 게 아니라 사람이 컴퓨터처럼 생각하는 것이다.

시드니 해리스(미국의 언론인)

계산주의

계산주의는 인간의 뇌가 작동하는 방식이 일련의 논리적인 기호들을 조작하는 일종의 계산 과정이라고 본다. 다시 말하면, 우리의 뇌가 일종의 보편 튜링 기계와 같다고 간주한다. 인간이 하는 생각은 다양한 알고리즘이고, 뇌는 단지 그러한 알고리즘들을 실행할 뿐이라는 것이다. 심오한 철학적 논의는 이 책에서 다루는 범위를 벗어나지만, 이 명쾌한 설명 방법이 왜 매력적으로 다가왔을지 이해하는 것은 어렵지 않다.

인공 지능 연구에서 계산주의는 외부에서 빌려 온 것이 아니라 튜링의 계산 이론에서 자연스럽게 도출되었다. 우리가 행하는 많은 지능적인 활동들이 알고리즘을 통해서도 수행될 수 있고, 범용 컴퓨터가 어떤 알고리즘도 실행할 수 있다면, 계산주의야말로 기계가 지능을 가지는 올바른 길이 아니겠는가. 실제로 디지털 컴퓨터가 개발되면서 가장 먼저 시작된 인공 지능 연구 중 하나는 컴퓨터로 하여금 '숫자'를 '계산'하는 대신 '기호'를 '조작'하는 알고리즘을 통해 논리적 추론을 하도록 하는 것이었다.

앨런 뉴웰, 허버트 사이먼, 존 클리포드 쇼John Clifford Shaw가 1955~1956년에 만든 '논리 이론가Logic Theorist'라는 프로그램은 버트런드 러셀Bertrand Russell과 알프레드 노스 화이트헤드Alfred North Whitehead가 쓴 《수학 원리Principia Mathematica》(1910~1913)에 등장하는 52개의 정리 중 38개를 자동으로 증명하는 쾌거를 이룬다. 심지어 이들 증명 중 하나는 러셀과 화이트헤드가 손으로 한 것보다 수학적으로 더 우아해 보이기까지 했다! 튜링의 논문 〈계산 기계와 지능〉으로부터 단지 5년이 지난 시점이었으니 이들이 느꼈을 흥분과 자신감을 쉽게 짐작할 수 있다. 이런 자신감이야말로 초기 연구자들이 강한 인공 지능의 구현은 시간문제라고 반복해서 주장한 배경이었다. 사이먼은 논리 이론가 프로그램의 성과를 두고 기계가 인간의 정신만이 가질 수 있는 능력을 보인 이상 정신과 육체를 구분하는 오래된 이원론 문제는 해결된 것이나 다름없다고 선언하기까지 했다.

인공 지능을 이용한 논리적 사고의 구현이라는 시도에서 또 하나 기념비적인 작업은 1968~1970년 MIT에서 테리 위노그래드Terry Winograd•가 만든 SHRDLU라는 프로그램이다. 1960년대 말 MIT의

• 테리 위노그래드(1946~)는 미국의 컴퓨터 과학자로 인공 지능 분야의 최고 권위자 중 한 사람이다. 구글 창업주인 래리 페이지Larry Page가 위노그래드의 제자로 스탠포드대 대학원에서 월드와이드웹(WWW)을 연구했다.

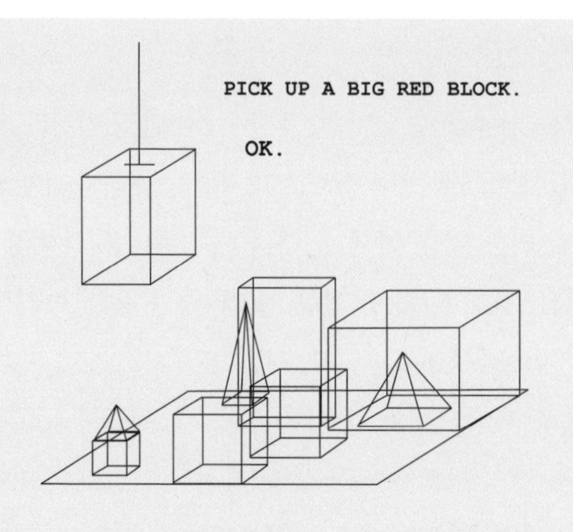

SHRDLU 초기 버전의 작동 화면. 가상 공간에 기하학적인 물체들이 놓여 있다. SHRDLU는 물체들이 놓인 형태를 인식하고 명령에 따라 물체를 조작하거나 배치 상태에 대한 질문에 답을 할 수 있다.

인공 지능 연구자 마빈 민스키와 시모어 페퍼트Seymour Papert는 물리학에서는 어떤 법칙을 이해하기 위해 실제 세계를 단순화시킨다는 점(예를 들어 "마찰력이 없다고 가정할 때……"라든지 "이 물체가 완벽한 흑체라고 가정할 때……")에 착안해 인공 지능 또한 실제 세계와 바로 교류하기보다는 실제 세계를 단순화한 가상 공간과 교류하는 것이 바람직하다는 주장을 펼쳤다. 위노그래드는 이 제안을 받아들여 '블록 월드blocks world'라는 3차원의 기하학적 물체들로 채워진 가상 공간을 만들었다. SHRDLU 프로그램은 이 가상 공간에 자연 언어 처리 기술을 접목해 사람과 상당히 고차원적인 상호작용을 할 수 있었다. 다음 대화는 실제로 SHRDLU를 실행해 사람과 주고받은 기록이다.

사람	큰 빨간색 블록을 집어라.
컴퓨터	OK.
사람	피라미드를 집어라.
컴퓨터	어떤 피라미드를 말하는지 모르겠습니다.
사람	(생각을 바꿔서) 지금 들고 있는 블록보다 더 높은 블록을 찾아서 그것을 상자에 넣어라.
컴퓨터	"그것"이 "지금 들고 있는 블록보다 더 높은 블록"을 뜻하는 것이라고 가정합니다.
컴퓨터	OK.
사람	상자 안에 뭐가 들었지?
컴퓨터	파란색 피라미드와 파란색 블록입니다.
사람	피라미드를 받치고 있는 건 뭐지?
컴퓨터	상자입니다.
사람	상자 안에 들어 있지 않은 블록 개수는 몇 개지?
컴퓨터	네 개입니다.
사람	그중 어느 한 개라도 내가 집으라고 한 블록보다 더 가느다란 것이 있는가?
컴퓨터	예, 빨간색 정육면체가 그렇습니다.

"더 큰……" 혹은 "어느 한 개라도……"와 같은 논리적 비교 및 한정사를 사용하거나 피라미드를 받치고 있는 것이 상자라는 물리적 관계를 이해하는 점 등에서 SHRDLU가 가상 환경에 대한 논리적 추론에서 얼마나 뛰어난 능력을 보여 주었는지를 알 수 있다.

여기까지는 아무런 문제가 없어 보인다. 허버트 사이먼의 패기에 찬 낙관주의를 용납해 줄 수도 있을 것 같다. 문제는 블록 월드와 실제 세계 사이의 간극에서 발생했다. SHRDLU는 피라미드, 블록, 정육면체와 같은 물체를 컴퓨터의 기억 장치에 저장된 기호로만 인식했지, 실제 세계에 존재하는 피라미드 모양 물체나 정육면체를 시각(카메라)을 통해 기하학적 형태로 인식한 것이 아니었다. 그렇다면 SHRDLU는 기억 장치에 각각의 물체를 어떻게 저장했을까? 여기서 정확한 프로그램 코드를 다루는 것은 적절하지 않지만, 각각의 대상마다 대체로 다음과 같은 정보를 저장한다고 할 수 있다. 앞의 대화 기록과 SHRDLU가 저장하는 정보를 대조해 보면 어떤 질문에 답하기 위해 어떤 속성을 이용해야 하는지를 어렵지 않게 짐작할 수 있다.

SHRDLU가 기억하는 물체의 속성

- 형태: 피라미드, 정육면체, 직육면체, 원뿔, 원통, 구……
- 색깔: 빨간색, 파란색, 노란색, 초록색……
- 넓이: W cm
- 길이: L cm
- 높이: H cm

- 위치 좌표: ……
- 위에 있는 물체: ……
- 아래에 있는 물체: ……
- 오른쪽에 있는 물체: ……
- 왼쪽에 있는 물체: ……

무한한 현실 세계

이제 가상 공간이 아닌 실제 세계와 상호작용하는 SHRDLU 2.0을 만든다고 가정해 보자. 튜링이 상상했던 대로 SHRDLU 2.0이 시골길을 돌아다닐 수 있다면 블록 대신에 사과를, 피라미드 대신 고양이를 인식할 수 있을까? 새로운 SHRDLU는 고양이와 사과를 기억 장치에 어떻게 저장해야 할까? 이 문제에 대한 계산주의적인 답은 기록하는 속성의 종류를 늘려서 어떤 물체든지 구별할 수 있게 한다는 것일 터이다. 위에 열거한 속성에 다음을 추가한다고 해 보자.

SHRDLU 2.0이 추가로 기억하는 물체의 속성

- 귀가 있는가: 예/아니오
- 꼬리가 있는가: 예/아니오
- 꼭지가 달려 있는가: 예/아니오
- ……

새로운 속성 체계에 따르면 SHRDLU 2.0이 고양이를 구분하는 방법은 귀와 꼬리가 달린 물체이고, 사과를 구분하는 방법은 (SHRDLU 1.0의 기능을 일부 이용해서) 빨갛고 구형이면서 동시에 꼭지가 달린 물체이다. 벌써 독자들은 "하지만……"이라며 수많은 반론을 제기할 준비가 되어 있을 것이다. 귀와 꼬리가 달린 물체는 고양이 말고도 얼마든지 있으며, 빨갛고 꼭지가 달린 과일은 사과 말고도 얼마든지 있기 때문이다. 고양이를 정확하게 규정하기에 충분한 속성의 개수는 몇 개나 될까? 쉽게 확정할 수 없는 문제이다. "다리가 넷 달렸고, 꼬리가 있고, 뾰족한 귀가 두 개 달렸고……" 하는 식으로 아무리 많은 조건을 열거해 봐도 개와 고양이를 정확히 구분하는 것은 쉽지 않다.

게다가 꼬리가 잘렸거나, 사고로 다리 하나를 잃은 고양이를 본다면 SHRDLU 2.0은 과연 뭐라고 답해야 할까? 사람이라면 여전히 관찰한 대상이 불운한 고양이임을 알아보겠지만, 물체를 속성의 집합으로 구분하려 하는 인공 지능에게는 너무나 어려운 문제가 되고 만다. 초록색인 쓰가루(아오리) 사과나, 빨갛고 꼭지가 달린 석류는 또 어떤가.

결론적으로 세상 모든 물체를 속성의 집합으로 표현하는 것은 불가능에 가까우며, 설사 정확도를 어느 정도 포기함으로써 가능해진다고 하더라도 엄청난 양의 저장 공간을 필요로 하기 때문에 실용적이지 않다. 이런 이유로 자연 언어의 매끄러운 처리와 단기 기억력 등의 매력적인 능력을 보여 주었음에도 불구하고 SHRDLU, 나아가 이와 비슷한 계산주의적 인공 지능 모델은 현실 세계와 상호작용할 수 있을 정도로 발전하는 데 실패하고 말았다. 블록 월드보다 조금만 더 복잡한 환경이 주어져도 쩔쩔맬 수밖에 없었던 것이다.

그런데 주의 깊은 독자라면 단순히 저장 공간의 문제가 아닌, 좀 더 근본적인 문제에 주목했을지도 모른다. 앞서 거론했던 모라벡의 패러독스를 떠올리면서, SHRDLU 2.0의 문제점이 무엇인지 다시 살펴보자.

물체의 속성으로 '귀가 있는가?'라는 항목을 덧붙였다. 그런데 인공 지능은 대체 '귀'가 뭔지 알까? '꼭지'는 또 뭘까? 귀가 달렸는지 아닌지를 판단하려면, 카메라를 통해 본 고양이 모습의 화소 데이터에서 어느 부분이 귀인지를 알아야 한다. 속성이라는 추상적인 '개념'을 카메라를 통해 인지된 '감각'과 연결해야 하는 문제가 남는 것이다.

감각을 지능과 어떻게 연결할 것인가 하는 지점에 이르면, 지능을 단순히 '기호를 논리적으로 다루는 능력'으로 보는 계산주의의 한계가 명백해진다. 카메라가 공급하는 화소 데이터는 렌즈에 비친 빛을 그대로 기록한 것일 뿐, 그 안에는 어떤 기호도 논리도 없기 때문이다. 《수학 원리》에 등장하는 증명은 자동으로 할 수 있어도, 지금 보는 것이 고양이인지 개인지는 판단할 수 없다니, 계산주의 지능 모델은 전형적인 모라벡의 패러독스에 빠지고 만 셈이다.

기호의 얄팍함

SHRDLU 2.0 사고 실험이 우리에게 가르쳐 주는 것은 단순히 사물을 인지perception하는, 인간에겐 너무나 쉽고 자연스런 활동을 기호로 치환하는 것의 어려움이다. 그렇다면 고차원적인 사고, 다시 말해 고양이나 사과 같은 사물이 아닌 추상적인 개념을 다루는 데는 아무런 문제가 없을까? 앞서 거론한 논리 이론가 프로그램을 떠올려 보면 언뜻 그런 것도 같다. 《수학 원리》에 등장하는 증명이라면 상당히 고차원적인 개념일 테니 말이다. 수학에서 사용하는 x와 y는 추상적인 기의signifié를 가진 기표signifiant가 아니라 글자 그대로 자기 자신을 가리키는 기호에 지나지 않는다. 아무 수학 교과서나 한 권 집어 든 다음 x와 y의 위치를 서로 바꿔치기 해도 교과서에 담긴 수학적 증명의 참/거짓이 바뀌지 않는다는 뜻이다. 컴퓨터 프로그램은 수학적인 기호를 조작해서 증명을 완료하는 과정 중에 x나 y가 무엇을 의미하는지 알아야 할 필요가 없다. 중요한 것은 x나 y 같은 기호의 위치 및 맥락이지 그 의미가 아닌데다, 애초에 의미 자체도 없기 때문이다.

그런데 전적으로 추상적인 수학이나 논리학의 영역을 떠나 좀 더 일반적인 개념을 다루고자 하면 기의가 없는 기표로서의 기호를 다루는 능력은 별 소용이 없게 된다. 복잡한 외연을 가진 고차원적인 개념을 임의의 기호와 일대일로 연결한 다음, 이 기호들을 이리저리 조작한다고 해서 컴퓨터가 해당 기호의 의미를 이해했다고 볼 수는 없기 때문이다. 그런데도 계산주의, 즉 기호의 논리적 조작을 통한 '지능'의 구현을 추구한 연구자들은 종종 기표와 기의 사이의 깊은 골에 빠지고 말았다.

비유 제약 사상 엔진(ACME: Analogical Constraint Mapping Engine)은 인지 심리학자 키스 홀리오크Keith Holyoak와 철학자 폴 타가드Paul Thagard가 1989년 개발한 프로그램이다. ACME는 심리학자 디드르 겐트너Dedre Gentner가 1980년대에 개발한 구조 사상 엔진(SME: Structure Mapping Engine)에 많은 부분을 빚지고 있다. 두 프로그램 모두 목표는 컴퓨터가 비유analogy를 통해 새로운 지식을 발견하도록 하는 것이었다. 겐트너에 따르면 비유란 서로 다른 지식 분야 사이에 존재하는 구조적인 유사성이다. 예를 들어 산파가 출산을 돕는 과정을 다음과 같이 기호로 나타낸다고 하자.

M1	(산파 (A))
M2	(어머니 (B))
M3	(아버지 (C))
M4	(아기 (D))
M5	(소개시킨다 (A B C))
M6	(임신한다 (B D))
M7	(인과관계 (M5 M6))
M8	(진통한다 (B D))
M10	(돕는다 (A B))

M11 (출산한다 (B D))

M12 (인과관계 (M10 M11))

조금 낯선 형식으로 쓰여 있지만 예제에 적힌 내용은 사실 간단하다. M1~M4의 내용은 각각 산파, 어머니, 아버지, 아기를 A, B, C, D의 기호로 나타낸다는 선언이다. M5 이후의 명제는 단순히 동사를 먼저 적은 것에 불과하다.* 예를 들어 M5는 산파가 어머니와 아버지를 서로 소개해 주었다는 뜻이고, M8은 어머니가 아기를 낳느라 진통을 겪는다는 뜻이다. 최종적으로 M12는 산파가 어머니의 출산을 도운 결과 어머니가 아기를 낳았다는 것을 의미한다.

굳이 산파의 예를 든 것은 위의 내용이 홀리오크와 타가드의 논문에 실려 있기도 하고, 영국 철학자 마거릿 A. 보든Margaret A. Boden이 저서 《창조의 순간The Creative Mind: Myths and Mechanism》(1990/2004)에서 이를 다루고 있기 때문이기도 하다. 보든은 ACME가 소크라테스의 산파술이 실제로 산파가 출산을 돕는 과정에 대한 비유라는 것을 이해한 것이라며 칭찬을 아끼지 않았다. ACME는 위에 적은 산파에 대한 논리적 기호 서술이 다음에 소개하는 소크라테스에 대한 서술과 구조적으로 유사하다고 판단한다(S는 소크라테스를 나타낸다).

* 동사를 먼저 적는 형식은 LISP라는 프로그래밍 언어의 문법에서 온 것이다. 예문은 홀리오크와 타가드의 1989년 논문에 적힌 LISP 코드를 한글로 옮긴 것이다.

S1	(철학자 (S))
S2	(학생 (B))
S3	(지적 파트너 (C))
S4	(생각 (D))
S5	(소개시킨다 (S B C))
S6	(구상한다 (B D))
S7	(인과관계 (S5 S6))
S8	(생각한다 (B D))
S9	(진실인지 검증한다 (B D))
S10	(돕는다 (S B))
S11	(진실인지 아닌지 알게 된다 (B D))
S12	(인과관계 (S11 S12))

S9에 해당하는 M9가 없는 것을 제외하면 산파와 소크라테스에 대한 서술은 구조적으로 유사하다. 소크라테스는 제자를 지적 파트너와 소개시켜주고, 그 결과 제자는 새로운 아이디어를 떠올리며, 소크라테스는 제자가 자신의 아이디어가 참인지 거짓인지 결정하는 것을 돕는다.

그런데 이것을 진정한 의미에서 컴퓨터가 '비유'를 이해한 것이라고 할 수 있을까? 안타깝게도 그렇지가 않다. ACME는 위의 두 예제를 글자 그대로 '입력 항목,' 즉 기호로만 받아들이기 때문이다. 또 두 예제의 표면적인 유사성은 ACME가 발견했을지 몰라도 각각의 명제는 사람이 직접 구상한 뒤 입력한 것이고, 명제들 사이의 구조 자체도 이미 사람(프로그래머)에 의해 형성된 것이나 다름없다. 결국 이 비유의 발견에 가장 큰 지능적 기여를 한 것은 ACME가 아니라 입력값을 준비한 사람이다. 비슷한 예로 팻 랭글리Pat Langley, 게리 브래드쇼Gary Bradshaw, 허버트 사이먼이 개발한 베이컨BACON 프로그램은 천문학자 케플러의 행성 운동에 관한 제3법칙•을 스스로 재발견했다고 해서 학계에서 유명세를 탔다. 하지만 베이컨에게 행성들의 공전 주기와 궤도 반지름만이 입력 항목으로 주어졌다는 사실을 알고 나면 놀라움은 급격히 사라지고 만다. 케플러의 업적은 당대의 시대정신을 극복하고, 다양한 가설을 검증한 뒤 집중해야 할 자료와 버려야 할 자료를 구분해 낸 데 있다. 즉 행성 운동에 관한 법칙을 구성하는 변수만을 받아든 뒤 거기에 걸맞은 다항식을 고안한 것만은 아니라는 것이다. 만약 베이컨과 마찬가지로 해야 할 일이 후자뿐이었다면, 케플러가 행성 운동에 대한 법칙을 발견하는 데 13년이나 걸리지 않았을 것이다. 베이컨의 성공은 인공 지능의 승리라기보다는 여전히 그 프로그램에 데이터를 공급한 인간의 승리였다.

ACME와 베이컨의 예에서 드러나는 것은 고차원적인 개념을 기호로 치환해 컴퓨터에게 다루게 하는 접근 방법의 위험성이다. 실제 지능적인 활동은 컴퓨터가 행하는 기호의 조작보다는 사람이 개념을 기호로 치환하는 과정에서 더 많이 벌어진다. 사람은 치환 과정에서

• 케플러의 제3법칙이란 행성의 공전 주기의 제곱은 행성의 타원 궤도의 긴반지름의 세제곱에 비례한다는 것이다.

기호가 나타내는 원래의 개념을 이해하지만, 컴퓨터에게 기호는 말 그대로 기호일 뿐이기 때문이다. 산파술의 비유를 발견한 직후 ACME에게 "S(소크라테스)는 남자인가 여자인가?"라고 물었다면, ACME는 당연히 아무런 대답도 할 수 없었을 것이다.

기호보다 인지가 우선이다

SHRDLU와 ACME, 베이컨의 일화만 놓고 보면 계산주의란 말장난에 지나지 않는 헛된 수고인 것 같다. 하지만 인간의 지능도 복잡 미묘한 개념을 언어라는 '기호'를 통해 다룬다는 점을 생각해 보면, 기호의 조작을 통한 지적 활동이라는 계산주의의 기본적인 전제 자체를 버리는 것은 옳지 않다. 구조적인 유사성을 통해 복잡한 개념을 이해하고 발전시킨다는 발상 또한 근본적으로는 타당한 것으로 보인다. 문제는 '개념 X를 기호 Y로 나타내자'고 했을 때 컴퓨터가 주어진 기호의 의미를 해석할 수 있는 방법이 전혀 없다는 점이다. 개념 X가 고양이나 사과가 아닌 추상적인 개념일 경우에는 더욱 그렇다.

이 문제를 어떻게 풀면 좋을까? 이를 해결하기 위해 기호가 나타내는 개념을 사람이 컴퓨터에게 일방적으로 주입하기보다는 인공 지능 스스로 하도록 하면 어떨까라는 제안이 등장했다. 즉 조작의 용이성을 위해 개념을 기호로 나타내되, 상위 개념은 그와 연관된 하위 개념들에 의해 표현이 가능하도록 한다는 것이다. 어린아이들이 말을 배우는 과정을 생각해 보면 이해가 쉬울 수 있다. 아이들은 처음에는 주변의 물건 이름을 하나하나 배우지만, 점차적으로 사물의 공통된 속성이나 스스로의 경험에 기반을 두고 이끌어 낸 추상적인 개념에 이름을 붙이게 되고, 마침내 추상적인 개념들을 연결해 자신의 생각을 표현할 수 있게 된다. 우리가 살펴본 프로그램을 빌어 이야기하자면 인공 지능은 먼저 SHRDLU, 특히 우리가 고안해 낸 버전 2.0의 능력을 먼저 익혀야 한다. 사물을 인지할 수 있게 된 다음에야 이를 바탕으로 추상적인 개념을 형성할 수 있을 것이고, 여기에 ACME와 같은 구조적인 접근을 적용할 때 베이컨처럼 과학적인 발견도 가능하게 될 것이다.

문제는 SHRDLU 2.0을 어떻게 만들어야 하는가, 다시 말해 계산주의적 접근을 가지고 모라벡의 패러독스를 어떻게 해결하느냐는 것이다. SHRDLU 2.0은 카메라에 보이는 것이 고양이인 줄 어떻게 알아채야 할까? 이 질문에 대한 답은 계산주의에서는 찾을 수 없다. 지금까지의 인공 지능 역사에서 지각 능력에 탁월한 능력을 보인 것은 단연 연결주의적 접근 방법이다. 다음은 연결주의가 무엇인지 알아보자.

연결주의

계산주의는 지능의 문제를 추상적인 기호의 체계로 치환하려고 했다. 이에 반해 연결주의는 지능을 하나의 강력한 논리적 체계가 아니라 매우 간단한 기능만을 가진 작은 단위들이 서로 복잡하게 연결된 상태에서 얻어지는 발생적인emergent 현상이라고 본다. 이것의 구체적인 의미는 연결주의 안에 존재하는 다양한 관점에 따라 달라진다. 가장 이해하기 쉽고 또 널리 사용되는 연결주의적 접근은 뇌의 신경망neural network의 구조에 기반을 둔 것이다. 신경망 모델에 따르면 어떤 순간 인간의 정신 상태는 복잡한 신경망 내에서 어떤 뉴런이 얼마나 활성화되어 있느냐로 나타낼 수 있고, 기억은 뉴런들이 연결된 구조를 변형함으로써 저장된다. 앞서 말한 '작은 단위'를 해석하는 것은 이론에 따라 다른데, 각각의 뉴런 한 개로 보는 입장도 있고 여러 뉴런의 집합으로 보는 입장도 있다.

연결주의 인공 지능에서 가장 성공적인 것이 인공 신경망(ANN: Artificial Neural Network)이다. 연결주의 인공 지능은 지능의 하드웨어, 즉 우리의 뇌를 모방함으로써 탈출구를 찾는다. 컴퓨터를 이용해 뉴런 연결망이 하는 기능을 흉내 냄으로써 궁극적으로 지능을 성취하려는 시도인 것이다. 인간의 지능이 제아무리 강력하고 신비한 존재라 하더라도, 물리적인 차원에서 보면 뇌 안에 연결된 뉴런들이 주고받는 전기 신호의 상호작용으로 벌어지는 현상이다. 그렇다면 신경 연결망의 기능을 흉내 냄으로써 지능도 흉내 낼 수 있지 않을까? 이것이 연결주의의 발상이다.

신경망 이론의 토대는 1949년 캐나다의 심리학자이자 신경과학자인 도널드 헵Donald Hebb(1904~1985)이 제시한 것으로 지금은 헵 이론Hebbian Theory이라고 불린다. 헵 이론은 학습을 뉴런들 사이의 연결 관계로 이해하면서 뉴런 사이의 연결 관계가 활성화되는 경험이 반

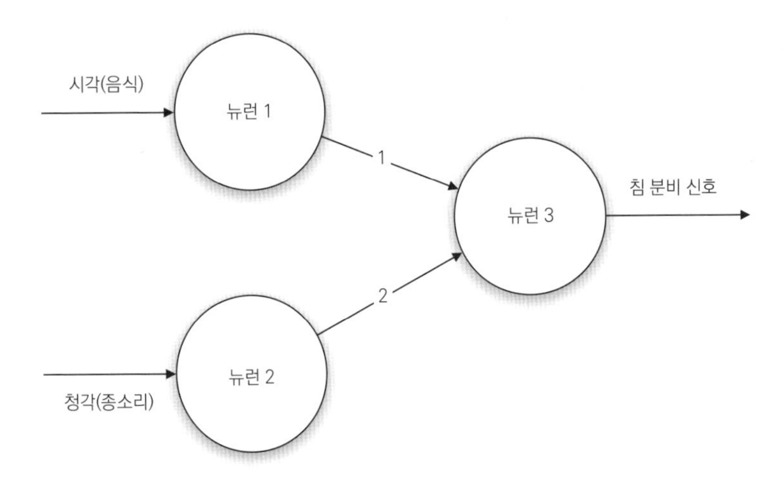

파블로프의 개가 보이는 조건 반사에 대한 헵 이론.

복될수록 학습 능력이 강화된다고 본다. 우리에게 잘 알려진 파블로프의 개 실험을 떠올려 보자. 러시아의 생리학자 이반 파블로프Ivan Pavlov(1849~1936)는 개에게 먹이를 줄 때마다 종소리를 들려주면 나중에는 종소리만 들어도 개가 침을 흘리게 된다는 실험을 통해 '조건 반사'라는 일종의 학습 능력을 증명했다. 개의 뇌 안에서는 무슨 일이 벌어지고 있는 걸까? 직관적인 설명을 위해 간단하게 도식화한 것이지만, 헵은 뉴런들이 앞의 그림과 같이 작동한다고 생각했다.

원래 개는 음식을 보아야 침을 흘린다. 이는 무조건적인 반사 행동으로, 뉴런 1이 시각 신호에 의해서 활성화되면 그 신호가 연결 1을 통해 뉴런 3에 전달되고 그 결과 침 분비 신호가 근육으로 보내지는 것으로 설명할 수 있다. 헵 이론은 개에게 음식을 줄 때마다 종소리를 들려주면, 1번 연결이 활성화될 때마다 2번 연결도 활성화되고, 그 결과 연결 2가 강화된다고 설명한다. 나중에는 시각 신호(즉 실제 음식) 없이 청각 신호만 주어도 뉴런 2의 활성 상태가 연결 2를 통해 뉴런 3에 전달되고 결국 침이 분비되는 것이다.

헵 이론은 파블로프의 개 실험을 잘 설명하는 것 같다. 하지만 지능을 구성하는 더 복잡한 기능도 단순히 신경망 사이의 연결 관계로 구현할 수 있을까? 인간의 뇌가 정말 헵이 상상한 대로 작동하는지의 문제는 이 책의 주제를 벗어나는 것이니 잠시 접어 두고, 이 이론이 인공 신경망에는 어떻게 적용되는지 살펴보자. 헵이 상상한 뉴런들의 연결 관계를 인공 지능에서 말하는 인공 신경망 구조로 바꾸면 다음 그림과 같다.

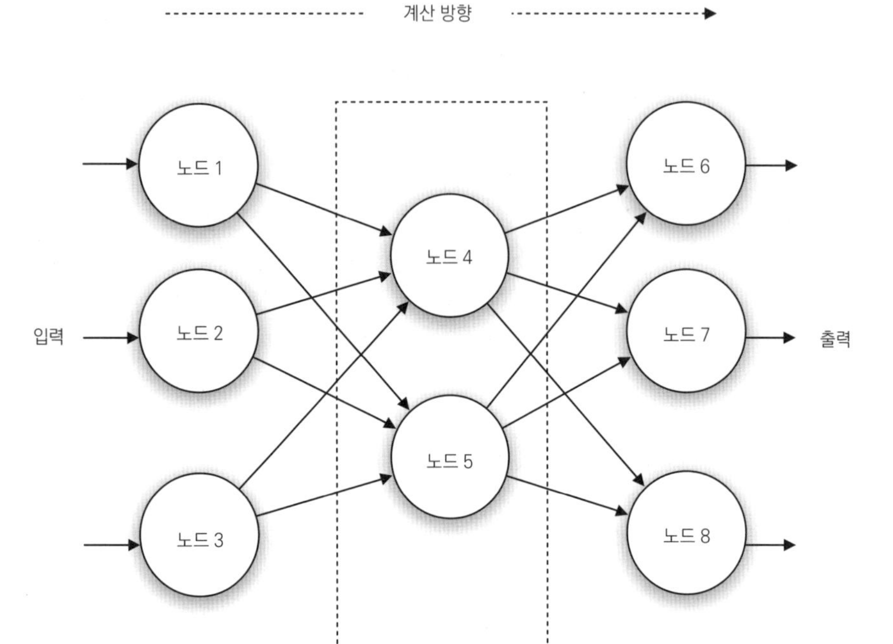

인공 신경망에서 가장 자주 거론되는 역전파 알고리즘의 개념도.

인공 신경망은 프로그램으로 구현된 노드node들을 연결함으로써 구현된다. 그림에서 드러나듯 각각의 노드는 실제 신경망의 뉴런에 해당한다. 입력 및 출력 신호와 바로 연결되지 않은 노드들, 즉 숨겨진 중간 단계들을 은닉층hidden layer이라고 하는데, 그림에는 은닉층이 1개이지만 여러 개의 은닉층을 가지는 더 복잡한 인공 신경망도 구성이 가능하다. 각각의 노드가 하는 역할은 매우 단순해서, 자기보다 앞쪽(다시 말해서 입력에 가까운 쪽)에 있는 노드들이 내놓은 출력값을 모두 취합한 다음 이를 바탕으로 스스로를 활성화할 것인지 아닌지를 결정하는 것뿐이다. 다음과 같은 수학 공식을 사용해서 이를 좀 더 구체적으로 설명할 수 있다. 다음 그림에서 노드 4를 예로 들면

$$노드_4\ 활성값 = f(w_1 \cdot 노드_1\ 활성값 + w_2 \cdot 노드_2\ 활성값 + w_3 \cdot 노드_3\ 활성값)$$

위의 공식에서 w_1, w_2, w_3은 각각 노드 4의 입력값 역할을 하는 노드 1, 2, 3의 활성값에 곱해지는 가중치다. 상대적으로 큰 가중치를 가진 입력 노드는 노드 4의 최종 활성값에 더 큰 영향을 주고, 반대로 작은 가중치를 가진 입력 노드는 별다른 영향을 주지 못한다. 함수 f는 시그모이드Sigmoid라는 S자 형태의 함수로, 다음 그림과 같은 모양을 가진다.

가중치를 곱한 입력값의 합이 0보다 크면 노드 4의 활성값은 점차 1에 가까워지고, 반대로 가중치를 곱한 입력값의 합이 0보다 작으면 작을수록 노드 4의 활성값은 점차 −1에 가까워진다. 이렇게 결정된 노드 4의 활성값은, 다시 가중치가 적용되어 노드 6, 7, 8의 입력으

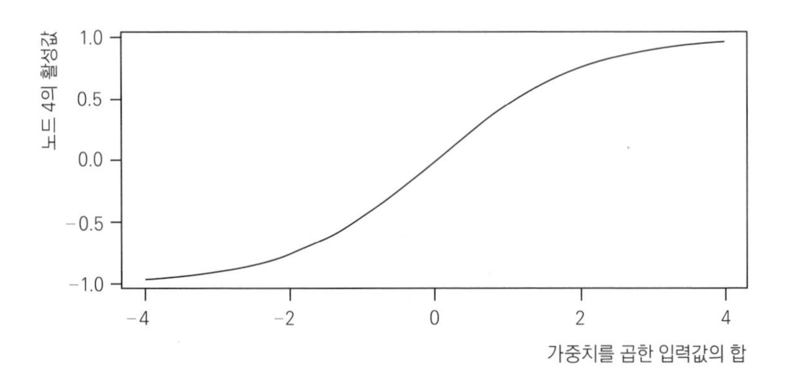

시그모이드 함수. 넓은 범위의 입력을 부드럽게 변화하는 −1과 +1 사이의 출력으로 변환하는 함수이다.

로 사용된다. 복잡한 것도 같고 간단한 것도 같다. 이런 노드를 여러 개 연결한다고 과연 지능이 생길 수 있을까 하는 생각도 든다. 좀 더 자세히 알아보자.

인공 신경망의 핵심은 바로 각 노드가 사용하는 가중치에 있다. 인공 신경망이 실제로 어떤 계산을 수행하는 것은 앞의 개념도 왼쪽에서 오른쪽 방향으로, 다시 말해 입력에서 출력 방향으로이다. 입력 신호가 노드 한 단계를 지날 때마다 새로운 가중치가 적용되고, 최종적으로 출력 활성값이 결정된다. 중요한 것은 (앞의) 개념도 아래에 표시된 '학습 방향'이다. 아직 학습을 전혀 거치지 않은 인공 신경망은 무작위로 설정한 가중치를 가지고 있다. 인공 신경망이 무작위로 정한 가중치를 가지고 입력값을 처리했더니, 옳지 않은 출력값이 나왔다고(즉 인공 신경망이 '실수'를 했다고) 하자. 실수로부터 무언가를 배워야 하는 것은 사람뿐만이 아니다. 이 경우 인공 신경망은 이번 실수를 올바른 결과로 바로잡기 위해 자기가 가진 노드 가중치들을 조금씩 어떻게 조절해야 하는지를 배울 수 있다. 이 '실수로부터의 학습'은 오른쪽에서 왼쪽 방향으로 벌어진다(학습이 작동 방향과 반대로 벌어진다고 해서 붙여진 이름이 '역전파' 알고리즘이다). 먼저 노드 6, 7, 8이 사용하는 가중치를 실수를 줄이는 방향으로 조절하고, 그다음엔 실수를 왼쪽으로 전파해서 노드 4, 5의 가중치를 조절하고, 마지막으로 노드 1, 2, 3의 가중치를 같은 방법으로 조절하는 것이다. 반복되는 실수와 역전파 학습을 거칠수록 인공 신경망의 정확도는 향상된다.

가중치며 복잡해 보이는 함수의 느닷없는 등장에 볼멘소리를 하는 독자들이 있을지 모르겠다. "좋아요. 인공 신경망이 내부적으로 어떻게 작동하는지는 알겠는데, 지금까지 설명한 건 인공 지능이라기보다는 그냥 가상의 숫자 놀음일 뿐인 것 같아요. 이걸로 어떻게 뭘 배운다는 거죠?" 인공 신경망을 설명하는 글에는 종종 컴퓨터 시각computer vision을 구현하는 데 매우 효과적이라는 이야기가 덧붙여지는데, 처음에 설명을 읽었을 때는 나 또한 이걸로 어떻게 시각을 구현한다는 건지 감을 잡기 어려웠다. 이제 인공 신경망으로 숫자를 읽는 법을 설명해 보자. 다음 개념도를 보면 단번에 무릎을 치는 사람이 있을지도 모르겠다.

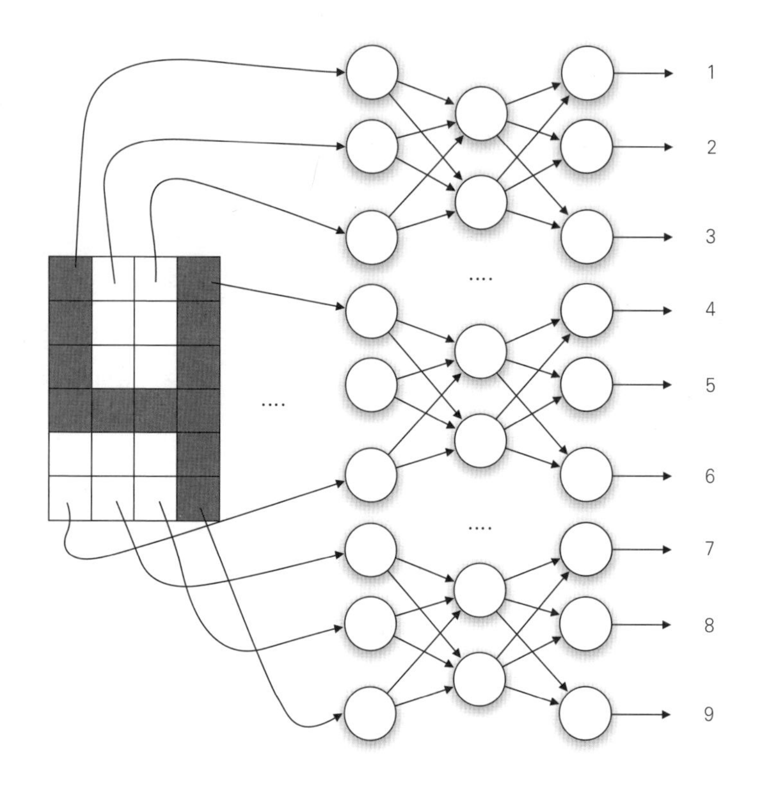

4 × 6 격자망에 적힌 숫자를 인식하는 인공 신경망의 예.

왼쪽의 4 × 6 격자망을 컴퓨터에 달린 카메라가 읽어 들인 화소 데이터라고 가정해 보자. 먼저 격자의 각 칸을 입력 노드 한 개씩과 연결한다. 해당 격자가 주로 검은색이면 입력값이 1, 주로 흰색이면 입력값이 0이라고 한다(다시 말해서 컴퓨터에게 검은 것은 글자, 흰 것은 종이라고 알려 준다!). 학습과 역전파는 무엇을 기준으로 해야 할까? 이 인공 신경망이 숫자를 읽으려면 화소 데이터에 보이는 숫자에 해당하는 출력 노드의 활성값이 가장 커야 한다. 따라서 이상적인 학습 데이터는 다음과 같다.

- 화소 데이터 '1': 출력 노드 1의 활성값만 1, 나머지는 모두 0
- 화소 데이터 '2': 출력 노드 2의 활성값만 1, 나머지는 모두 0
- ……
- 화소 데이터 '9': 출력 노드 9의 활성값만 1, 나머지는 모두 0

이제 숫자 1부터 9까지의 화소 데이터와 위에 기술한 역전파 알고리즘Back-propagation Algorithm을 이용해서 이 인공 신경망을 훈련하면, 숫자를 읽을 수 있는 인공 신경망이 태어난다. 1부터 9까지의 숫자를 모두 정확히 구별할 수 있을 때까지 역전파 학습을 통해 가중치를 조절하면 되는 것이다. 예제를 보고 나면 막상 좀 싱거울지도 모르겠다. 감각이 아닌 논리적, 혹은 수학적인 연산을 인공 신경망으로 구현하는 방법이 무엇일지는 독자들에게 숙제로 남겨 둔다.

인공 신경망의 장점 중 하나는 노이즈에 강하다는 것이다. 다음

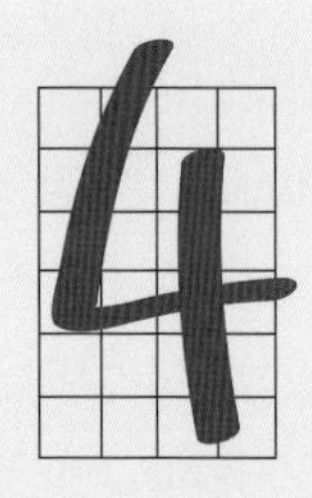
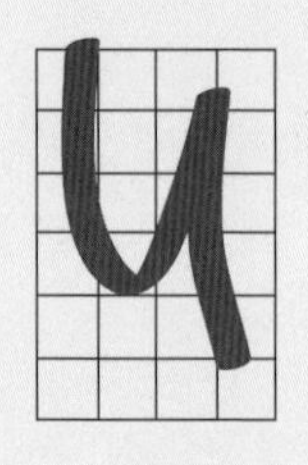
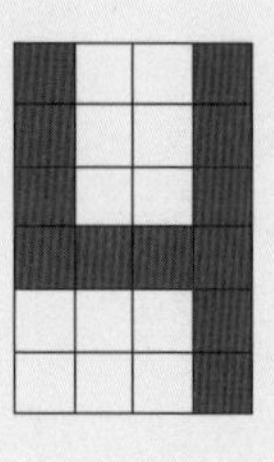

인공 신경망과 노이즈. 노이즈가 없는 맨 오른쪽의 이미지로 훈련된 신경망은 흘려 쓴 손 글씨에 대해서도 어느 정도 작동한다.

그림과 같이 말끔하게 적힌 숫자 4를 인식하도록 훈련된 인공 신경망은 손으로 쓴 글씨, 심지어 악필이 흘려 쓴 숫자 4를 보더라도 다른 숫자와 헷갈리지 않을 확률이 높다. 왜냐하면 적당히 흘려 썼더라도, 훈련에 사용한 글씨와 비슷한 부분의 격자 칸들이 검은 색으로 채워지기 때문이다. 만약 계산주의적 접근 방법이었다면 어떨까? 숫자 4의 형태를 구성하는 속성들을 일일이 나열해야 할 텐데, 반듯이 쓴 손글씨와 악필이 흘려 쓴 글씨에 공통으로 적용할 수 있는 속성을 찾기는 쉽지 않다. 결국 특정한 사람이 쓴 손글씨를 겨우 인식할 수 있게 된다고 해도, 보편적인 숫자 4를 인식하는 것은 힘들 것이다.

계산주의와 대비되는 인공 신경망의 또 다른 특징은 바로 학습의 필요성이다. 인공 신경망은 제 기능을 하기 전에 우선 역전파를 통해 스스로의 가중치를 조절해야만 한다. 주어진 기호의 조작만으로 문제를 해결할 수 있다고 믿는 계산주의의 전제와는 큰 차이가 있다. 초창기의 음성 인식 기술은 각각의 자음과 모음이 내는 소리의 특징을 일종의 표준 음절 기호로 녹음 및 저장한 뒤, 사람이 말을 할 때 말소리와 음절 기호의 일대일 대응 관계를 찾는 방식으로 작동했다. 이것은 사람마다 목소리, 억양, 심지어 같은 음소를 발음하는 방법마저 조금씩 다르기 때문에 인식 정확도에 큰 한계가 있었다. 음성 인식 기술이 장족의 발전을 한 것은 표준 음절을 포기하고 대신 확률적인 모델을 이용해서 사람마다 고유한 목소리를 학습하는 접근 방법을 택하면서부터였다. 음성 인식 기술의 핵심은 신경망과는 거리가 멀지만, 주어진 기호만 사용하는 계산주의적 접근에 비해 학습이 가지는 유연함을 잘 보여 준다.

그렇다면 인공 신경망, 나아가서 연결주의 접근 방법에는 장점만 있는 걸까? 물론 그렇지 않다. 초기 인공 신경망 연구자들이 직면한 가장 큰 문제는, 아이러니하게도, 컴퓨터의 연산 능력이 터무니없이 부족하다는 것이었다. 사람 개개인이 가지는 계산 능력에 비교하면 컴퓨터 한 대가 처리할 수 있는 연산의 양이 사람을 따돌린 것은 오래전 일이다. 하지만 사람의 뇌에 들어 있는 신경망은 그대로 복제해 흉내 내기엔 그 크기와 복잡도가 엄청난 것이었다. 과학 뉴스를 관심 있게 보는 독자라면 "신경망 컴퓨터가 초파리의 뇌와 같은 복잡도를 달성"했다는 등의 기사를 읽은 적이 있을 것이다. 초파리 정도의 뇌와 비슷한 연결망을 구현하는 것만으로도 최첨단 기술의 승리였던 시절이 있었던 것이다.

대규모 분산 시스템의 눈부신 발달로 21세기 인공 신경망 연구자들은 예전에는 상상도 할 수 없었던 연산 능력을 손에 쥐고 있지만, 여전히 인간의 뇌를 따라잡기엔 역부족이다. 현재 시점을 기준으로 우리에게 알려진 가장 복잡한 인공 신경망은 2013년 미국 스탠포드 대학의 연구팀이 개발한 시스템으로 110억 개의 연결로 구성되어 있다. 하지만 지금 이 책을 읽는 독자 모두의 머릿속에는 10^{14}개 정도의 뉴런 연결이 존재하고 있다. 가장 큰 인공 신경망보다 거의 1만 배 더 많은 양이다. 인간의 뇌를 그대로 재현하는 것은 아직도 먼 미래의 일처럼 느껴진다.

심화 학습

인공 신경망 연구자들이 직면한 또 다른 문제는 좀 더 기술적인 것이다. 첫 번째 문제는 무엇을 입력 신호로 정할 것인가 하는 것이다. 위에 든 예제의 경우 우리는 숫자를 4 × 6 격자를 통해 입력으로 전환했다. 이것은 전적으로 숫자 인식 예제를 구성하기 위해 여기서 임의로 정한 것으로, 일반적인 시각을 구현하기 위해서도 사용할 수 있다는 보장이 전혀 없다(4 × 6 격자는 일반적인 시각을 구현하기에는 터무니없이 부족한 정보량이다). 오토바이와 자동차를 구분하려면 무엇을 입력으로 사용해야 할까? 기존 컴퓨터 시각 연구에서 사용한 방법은 가로선, 세로선, 대각선과 같이 간단한 기하학적 구성 요소들을 입력 신호로 정한 다음 오토바이처럼 복잡한 물체를 기하학적 요소의 조합으로 인지하는 것이었다. 언뜻 생각하기에는 복잡한 문제(오토바이를 인지하기)를 더 단순한 형태(기하학적 형태를 인지하기)로 나눠서 푸는 좋은 접근 방법

할리데이비슨과 스즈키 GSX-R 오토바이는 기하학적인 형태에 큰 차이가 있다. 하지만 우리는 큰 문제없이 둘 다 오토바이라고 인지한다.

인 것 같다. 하지만 인간의 인지 기능은 그렇게 단순하지 않다.

기하학적인 구성 요소를 입력 신호로 이용하는 신경망 시각 시스템에게 왼쪽의 할리데이비슨 모델 사진을 이용해 오토바이를 인지하는 방법을 학습시킨다고 하자. 시스템은 앞바퀴를 지지하는 대각선 모양의 전면 포크front fork를 중요한 구성 요소 중 하나로 인지할 확률이 높다. 그런데 학습 후 같은 시스템에게 오른쪽의 스즈키 GSX-R 모델 사진을 보여 주면서 오토바이냐고 묻는다면 뭐라고 대답할까? 오토바이의 구성 요소 중 하나라고 학습한 전면 포크가 보이지 않으므로 오토바이가 아니라고 답할 확률이 높다(적어도 또 다른 할리데이비슨 모델을 보여 줬을 때보다 훨씬 자신감이 떨어지는 대답을 할 것이다). 이것이 오토바이를 기하학적으로 인지하는 접근 방법의 한계이다.

사람이 오토바이를 인지하는 방법은 인공 신경망 시스템과 무엇이 다를까? 인지란 단순히 감각에만 의존하는 행위가 아니다. 오토바이 사진을 봤을 때, 예를 들어 일차적으로 둥그런 부속품 두 개를 인지하는 것은 저차원적인 시각적 인지이다. 하지만 우리는 곧이어 둥그런 부속이 바퀴라는 것을 인지하고, 바퀴가 두 개 달린 탈것이라는 기준으로 자전거 아니면 오토바이로 대상의 범위를 좁힌 다음, 자전거에는 페달이 달려 있다는 지식과, 페달이 보이지 않는 대신 중앙에 복잡한 기계 장치가 달려 있다는 시각 정보를 이용해서 대상이 오토바이라고 인지한다(물론 실제 오토바이의 인지 과정이 꼭 이렇다기보다는 설명을 위해 도식화한 서술이다). 중요한 점은 시각적 인지가 단순히 시각 정보, 즉 기하학적 구성 요소에만 의존하는 것이 아니라 점진적으로 추상적인 개념을 쌓아 올려가면서 이루어진다는 점이다.

고전적인 인공 신경망이 가지는 또 하나의 기술적인 문제점은 은닉층에 존재하는 노드와 그 가중치가 정확히 어떤 의미를 갖는지를 분석하는 것이 매우 어렵다는 점이다. 은닉층에 존재하는 노드는 그 자체로 딱히 의미를 가진다기보다는 오직 입력과 출력 사이의 관계를 올바르게 학습하기 위해 조작된다. 은닉층의 노드를 이해하는 것을 포기하고 일종의 마법 상자로 취급하는 순간, 신경망에 대한 깊은 이해는 물론 그 활용 또한 제약을 받게 된다. 예를 들어, 이미 자전거를 인지하도록 학습된 신경망이 있다면 이를 이용해 오토바이의 인지를 더 쉽게 학습할 수 있는가와 같은 문제를 생각해 보자. 이 질문에 답을 하려면 신경망의 내부 노드들이 어떤 역할을 하는지 분석하는 것을 피할 수 없다.

'심화 학습Deep Learning' 이론은 비교적 새로운 기계 학습 이론으로, 컴퓨터를 이용한 인지(컴퓨터 시각 혹은 음성 인식) 분야는 물론 최근

빅 데이터 분석에서도 탁월한 성능을 발휘하고 있다. 이 이론이 인공 신경망에만 국한된 것은 아니지만, 가장 눈부신 성과를 낸 응용 분야가 바로 인공 신경망이다. 심화 학습 이론에 따르면, 관찰된 자료를 해석하는 과정에는 서로 다른 층위의 추상적 개념들이 복합적으로 작용하며 각각의 층위에 속하는 개념들에 대응하는 노드들이 여러 겹의 은닉층을 구성한다. 물론 은닉층에 속하는 중간 개념들은 저절로 주어지는 것이 아니기 때문에, 심화 학습 구조를 따르는 신경망은 단순히 입력과 출력 사이에서만 학습을 행하는 것이 아니라 각각의 층위 사이마다 학습을 행해야 한다. 다시 말하면 기하학적 구성 요소로부터 바로 오토바이를 학습하는 대신, 그로부터 바퀴나 운전대 등의 개념을 학습하고 다시 관찰된 바퀴의 개수에 이륜차와 사륜차라는 개념을 학습하며, 엔진에 해당하는 것이 관찰되었는지에 따라 최종적으로 자전거인지 오토바이인지를 학습한다는 식이다. 앞서 설명한, 사람이 오토바이를 인지하는 과정과 훨씬 더 비슷하다는 것을 알 수 있다. 심화 학습 이론을 통해 은닉층 노드를 이해하는 실마리를 얻게 된다. 은닉층의 노드 각각은 오직 출력단에서의 의미를 위해 조작되는 것이 아니라 그 자체로 특정한 용도를 가지고 학습된 것이기 때문에, 의미를 파악하는 것이 훨씬 쉬워진다.

그렇다면 입력 신호의 문제는 어떨까? 조금 어렵게 들릴지 모르겠지만, 무엇을 입력 신호로 받아들일까 하는 문제도 학습할 수 있다는 것이 심화 학습 이론이다. 시각을 예로 들어 보자. 가장 유용한 입력 신호는, 가능한 적은 숫자의 입력단 노드만을 가지고 인지할 수 있는 간단한 형태임과 동시에 신호의 조합을 통해 가장 많은 종류의 사물을 인지할 수 있는 신호일 것이다(입력 자체로 복잡한 형태를 사용하거나, 너무 많은 숫자의 입력 노드를 이용해서 입력단 자체에서 인지를 하려고 할 경우, 추후에 모르는 사물을 배워야 할 경우 유연성이 급격히 떨어진다). 비유를 하자면, 어린아이들이 일단 몇 가지 간단한 기하학적 도형의 이름과 형태를 배운 후에는, 이를 조합해 더 복잡한 물건의 형태를 설명할 수 있게 된다. 실제로 (인공 신경망 시스템이) 심화 학습을 이용해 실용적인 문제를 풀 경우, 실제 문제의 답을 학습하기 이전에 유용한 입력단 신호를 별도로 학습하는 이른바 '선행 학습'을 행하기도 한다.

심화 학습 이론에 기반을 둔 기계 학습 알고리즘들은 지금도 각종 패턴 인식 대회에서 1위를 독차지하며 뛰어난 성능을 자랑하고 있다. 낙관적인 연구자들은 심화 학습이야말로 강한 인공 지능에 다시 한 번 도전하는 것을 가능하게 해 줄 도구라고까지 말하고 있다. 하지만 심화 학습에도 약점은 있다. 그중 하나는 다양한 층위의 개념을 효과적으로 학습하려면 은닉층 및 중간 노드의 개수가 크게 증가하는데, 이를 구현하기 위해서는 엄청난 양의 연산 능력이 필요하다는 것이다. 2012년 구글은 유튜브 비디오 1000만 개와 심화 학습 기법을 이용해 컴퓨터에게 주어진 동영상이 고양이 얼굴인지 아닌지 식별하는 법을 학습시켰다. 구글의 슈퍼컴퓨터는 신경망 연결 10억 개와 CPU 1만 6000개를 사용해 약 75%의 정확도를 얻었다. 멀티코어multi-core•

• 멀티코어 CPU는 CPU 한 개에 독립적으로 작동 가능한 연산 장치(코어)가 여러 개 들어 있는 구조이다. 개별 코어의 속도가 물리적인 한계치에 다다른 이후, 상용 CPU 대부분은 개별 코어의 속도를 올리는 대신 CPU 한 대에 코어를 여러 대 장착하는 방식으로 성능을 향상시키고 있다. 최근에는 컴퓨터뿐 아니라 스마트폰 등에서도 멀티코어 CPU를 찾아볼 수 있다.

시대로의 전환에 속도가 붙고 있기는 하지만 아직까지는 고양이를 알아 보는 정도의 학습조차 구글처럼 무한에 가까운 연산 능력을 가진 것이 아니라면 해내기 힘든 고난도의 작업인 셈이다.

대통합 이론

계산주의와 연결주의는 서로 배치되는 관점일까? 인공 지능 연구에 산적한 난제를 해결하려는 학자들의 연구 경쟁 속에서 서로의 장단점이 치열하게 비교된 것은 사실이다. 하지만 한발 물러서서 바라보면 두 접근 방법이 서로를 배제할 이유가 전혀 없다는 점을 깨닫게 된다. 계산주의는 고차원적이고 추상적인 체계이며, 따라서 사람이 논리나 수학과 같은 추상 체계를 다루는 법을 잘 설명한다. 반면 연결주의는 지능의 하드웨어를 설명하는 이론이며, 따라서 좀 더 본능적이고 생물학적인 기능(예를 들어 시각과 같은 감각)을 더 잘 설명한다. 심화 학습 이론의 성공은 두 가지 관점이 서로를 보완할 수 있다는 가장 설득력 있는 증거일지도 모른다. 심화 학습에서 중간 개념에 해당하는 은닉층 노드들은 계산주의에서 말하는 기호와 유사한 점이 있기 때문이다.

최근의 뇌과학 연구 결과에 따르면 우리 뇌가 실제로 작동하는 방법 또한 기호 기반의 계산주의와 연결망 기반의 연결주의의 양면을 모두 보인다고 한다. 뇌의 구조 자체는 연결주의로 설명되지만 우리가 특별한 관심을 두는 개념이나 사람의 얼굴은 '개념 뉴런'이라 불리는 특정한 뉴런에 지정된다는 것이다. 뇌과학자들은 영화 배우 제니퍼 애니스톤이나 사담 후세인의 얼굴에 반응하는 개념 뉴런(개념 세포concept cells)은 물론 피타고라스 정리와 같이 복잡한 개념에 반응하는 뉴런도 관찰했다고 보고한다. 피타고라스 정리의 경우는 수학 문제를 즐겨 푸는 엔지니어에게서 관찰되었다고 한다. 개념 뉴런은 신경망 안에 구현된 일종의 기호라고 할 수 있지 않을까? 두 접근 방법의 차이를 잘 설명하는 또 다른 표현이 있다. 계산주의가 뇌는 '무엇'을 하는지를 기술한다면 연결주의는 뇌가 그것을 '어떻게' 하는지를 기술한다는 것이다. 여러 번 강조했다시피 지능은 추상과 감각 모두를 필요로 한다. 따라서 지능을 총체적으로 설명하는 데에는 두 가지 접근 방법이 모두 필요하다.

왓슨 승리의 주역 '인터넷'

2011년 2월 16일, IBM이 만든 슈퍼컴퓨터 왓슨이 50여 년의 역사를 자랑하는 미국의 TV 퀴즈쇼 〈제오파디〉에 출연해 기존 챔피언(인간) 켄 제닝스Ken Jennings와 브래드 러터Brad Rutter를 상대로 승리를 거두었다. 켄 제닝스는 〈제오파디〉 역사상 최다인 74연승 기록의 보유자이고, 브래드 러터는 각종 퀴즈쇼에 참가해 받은 상금 누적액이 역대 2위를 기록한 실력자인 만큼 둘 다 만만치 않은 상대였다. 〈제오파디〉의 승부는 출연자들이 문제를 풀어서 획득한 상금으로 결정되는데, 2

월 14일과 16일 이틀에 걸쳐 벌어진 퀴즈 대결이 끝났을 때 왓슨이 벌어들인 상금은 7만 7147달러로 나머지 출연자들의 세 배가 넘는 액수였다(제닝스는 2만 4000달러, 러터는 2만 1600달러였다).

왓슨은 대체 어떤 방법으로 퀴즈를 푼 것일까? 간단한 예를 들어보자. 왓슨에게 주어진 문제 중 "1594년 안달루시아에서 세금 징수원을 직업으로 택한 자는 누구인가"라는 것이 있었다. 정답은 《돈키호테》의 작가 세르반테스다. 왓슨은 일단 힌트에 담긴 키워드—1594, 안달루시아, 세금 징수원—를 이용해서 자신의 배경 지식 데이터베이스를 검색한다. 그러자 미국의 작가 헨리 소로와 스페인의 작가 세르반테스가 주어진 키워드와 함께 자주 등장하는 이름으로 검색된다. 왓슨은 문제의 답이 '사람의 이름'이라는 개념에 해당하는 것을 알고 있기 때문에, 둘 중 하나를 답으로 택하기 위해 이번에는 배경 지식 데이터베이스에서 소로와 세르반테스의 생년월일을 검색한다. 소로는 1817년생으로 1594년에 살아 있었을 리가 없기 때문에, 세르반테스를 답으로 제출한다. 정답이다. 추상적인 개념과 배경 지식을 적절하

미국의 TV 퀴즈쇼 〈제오파디〉에 출연한 왓슨. 출연자들 사이에 설치된 것은 왓슨의 아바타이고, 실제 왓슨은 작은 방 하나를 가득 채운 컴퓨터에서 실행되었다.

게 혼합해서 답을 제출하는 과정은 매우 지능적으로 보인다. 실제로 왓슨과 겨룬 켄 제닝스는 왓슨이 문제를 푸는 방법이 자기가 생각하는 방법과 비슷해 보인다고 증언했다.

> "컴퓨터가 〈제오파디〉 힌트를 풀어 나가는 과정은 내가 문제를 푸는 과정과 흡사하게 들렸다. 왓슨은 일단 키워드를 결정한 다음, 스스로의 기억(15테라바이트 분량의 지식 데이터베이스)을 뒤져서 키워드와 연관된 개념들을 찾아낸다. 그런 다음 왓슨은 가능한 모든 방법을 동원해 문제의 알려진 맥락—문제 종류, 정답의 형태,• 힌트에 주어진 시대/장소/성별 등등—과 검색된 개념들을 맞춰 본다. 충분히 자신 있게 들어맞는 개념을 찾았다고 생각하면 왓슨은 버저를 누른다. 인간 〈제오파디〉 참가자에게 이 모든 과정은 거의 순간적으로 일어나는 직관에 가깝지만, 만약 내 머릿속을 자세히 들여다볼 수 있다면 나도 비슷한 과정을 거쳐서 문제를 푼다는 느낌을 받았다.
>
> – 켄 제닝스(〈슬레이트Slate〉, 2011. 2. 16)"

왓슨은 1997년 IBM의 체스 컴퓨터 딥 블루가 그랜드마스터 게리 카스파로프를 이긴 뒤 IBM이 쟁취한 두 번째 승리이다. IBM은 딥 블루와 유사한 인공 지능의 승리를 보여 줄 기회를 전략적으로 찾고 있었고, 우연한 기회에 그 대상을 〈제오파디〉로 정한 것으로 알려져 있다. 지금까지 우리가 살펴본 인공 지능의 한계에 비춰볼 때 왓슨의 지능은 얼마만큼의 능력을 성취한 것일까? 불행히도 왓슨 역시 완벽

• 예를 들어 사람인가 사물인가 등.

한 인공 지능과는 거리가 멀다. 왓슨의 지능은 오직 퀴즈쇼에 맞춰 최적화된 것으로, 예를 들어 "안녕하세요?"라고 물었을 때 왓슨이 뭐라고 답할지는 전혀 예측할 수 없다. 더구나 퀴즈를 푸는 행위 자체에서도 왓슨은 스스로가 컴퓨터임을 명백하게 보이는 한계를 드러냈다. 오직 문제의 힌트만을 전자적으로 수신하는 왓슨은 옆에 서 있는 인간 출연자가 제출한 답이 오답으로 판명된 뒤에도 같은 답을 되풀이했다.

IBM이 성취한 기술적인 진보는 인공 지능을 구현한 기술이라기보다 기존에 알려진 자연 언어 처리 알고리즘 수백 개를 동시에 실행시킨 다음, 인간 출연자가 버저를 누르기 전에 먼저 그 결과를 취합 및 점검해서 정답을 찾는 정보 처리 능력에 있었다. 다시 말해서 IBM은 천재적인 인공 지능 알고리즘을 개발하는 대신 더 빠르고 더 값싸진 CPU와 메모리를 이용해서 '힘으로' 승부를 낸 셈이다. 그런데 중요한 점은 왓슨의 성공을 오직 더 빨라진 컴퓨터 하드웨어 덕으로만 돌릴 수는 없다는 것이다. 그럼 뭐가 빠졌을까? 바로 인터넷이다.

〈제오파디〉 퀴즈쇼가 진행되는 동안, 왓슨은 공정한 대결을 위해 인터넷을 연결하지 못하도록 했다. 하지만 퀴즈쇼를 준비하기 위한 '훈련' 기간 동안 왓슨은 2억여 개의 웹페이지를 분석한 뒤 거기에 담긴 정보를 나름의 구조에 따라 4테라바이트의 하드디스크 공간에 저장해 두었다. 여기에는 사전 몇 권은 물론 영문 위키백과 전체가 포함되어 있었다. 인간의 기억력으로는 도무지 따라잡을 수 없는 방대한 지식과 자료다. 만약 인터넷이 없었다면? 이 질문은 단순히 위키백과와 같은 서비스가 무료로 존재하느냐 아니냐의 문제를 넘어선다. 인류 지식의 상당 부분이 인터넷에 담겨 있다는 사실만큼이나 중요한 것은, 그 지식이 이미 컴퓨터가 읽을 수 있는 전자적인 자료 포맷으로 저장되어 있다는 점이다. 제아무리 뛰어난 자연 언어 처리 알고리즘을 적용하고 싶어도, 우선 컴퓨터에게 배경 지식을 습득시키기 위해서 종이로 된 책 20만 권 분량을 전자 포맷으로 바꿔야 한다고 생각해 보자. 왓슨과 같은 인공 지능을 구현하는 것은 불가능했을 것이다.

인터넷의 효용은 배경 지식을 빠르게 습득하는 데만 그치지 않았다. 체스 프로그램 딥 블루에도 참여했던 IBM의 엔지니어 제럴드 테사로Gerald Tesauro에 따르면, 질문에 답을 하는 자연 언어 처리 알고리즘만큼이나 왓슨의 승리에 기여한 것은 이른바 '전략' 모듈이었다고 한다. 전략 모듈은 상금을 두 배로 늘려주는 데일리 더블Daily Double 찬스가 어느 질문에 숨어 있는지 예측해서 선택하는 작업, 답을 위해 버저를 누르는 가장 이상적인 타이밍을 결정하는 작업, 퀴즈쇼의 진행 정도에 따라 얼마만큼의 위험을 감수하고 답을 할 것인지를 결정하는 작업 등을 수행하는 부분이다. 3000개에 가까운 CPU를 사용한 자연 언어 처리 서버에 비해 컴퓨터 한 대를 사용한 전략 모듈은 상대적으로 중요하지 않아 보일 수도 있지만, 텔레비전에 출연하기 전 IBM이 내부적으로 실행한 평가 퀴즈의 결과를 보면 전략 모듈의 발전과 함께 왓슨의 승률이 점차 높아졌음을 알 수 있다.

재미있는 점은 IBM이 최적의 전략을 배울 수 있었던 것 또한 〈제오파디〉의 열성팬들이 만든 웹사이트인 제이-아카이브(http://j-archive.com) 덕분이었다는 것이다. 이 웹사이트는 1985년부터 지금까지 방영된 30시즌 분량의 〈제오파디〉에 출제된 문제(대략 25만 개에 달한다!), 각 문제에 걸린 상금 및 데일리 더블 찬스의 위치, 출연자들이 버저를 누른 순서와 오답 여부 등을 충실히 기록하고 있다. 테사로에 따르면 IBM은 제이-아카이브의 자료를 분석하고 여기에 기계 학습 알고리즘을 적용함으로써 왓슨의 전략을 가다듬었다. 결국 인터넷은 왓슨에게 지식뿐 아니라 〈제오파디〉에 참여하는 최적의 전략까지 가르쳐 준 셈이다.

데이터, 데이터, 데이터

왓슨의 뒷이야기는 인터넷에 디지털 형태로 저장된 방대한 양의 자료가 인공 지능에 어떤 기회를 제공하는지를 적절하게 나타내는 일화라고 할 수 있다. 우선 거품부터 제거해 보자. 일부 미래학자들이 성급히 예측했던 것처럼, 단순히 여러 대의 컴퓨터를 네트워크로 연결한다고 해서 인간을 넘어서는 지능을 가진 기계가 출현해 인류 문명의 종말을 앞당기는 일은 쉽게 일어나지 않을 것이다. 미국의 수학자이자 SF 작가인 버너 빈지Vernor Vinge• 는 1993년 "30년 안에 인간을 초월하는 지능을 가진 기계가 등장한다"며 '대규모 컴퓨터 네트워크'를 진원지 중 하나로 꼽았다. 이미 2008년에 인터넷에 연결된 기기의 개수가 전 세계 인구를 넘어섰지만 인공 지능이 (〈터미네이터〉 시리즈에서처럼)

• 버너 빈지(1944~)는 미국의 수학자이자 컴퓨터 과학자이며 휴고상을 수상한 SF 작가이기도 하다. 소설과 논문을 통해서 언젠가는 인간을 능가하는 인공 지능이 등장할 것이고, 그 이후의 역사를 예측할 수 있는 방법은 전혀 없다는 견해를 밝혀 왔다.

세계 전쟁을 일으킬 가능성은 0에 가깝다고 본다. 왓슨은 수천 개의 CPU를 동시에 이용했지만, 더 많은 계산 능력이 곧바로 더 뛰어난 지능으로 연결되지 않은 것은 당연한 일이다(앞에서 보았듯이 왓슨은 여전히 매우 '기계다운' 실수를 저지른다).

인터넷이 인공 지능에게 제공하는 것은 자료, 그야말로 인류 지식의 총체에 가장 가깝다고 할 만한 자료의 바다다. 끊임없이 보완되며 확장되는 위키백과(http://www.wikipedia.org)나, 온갖 고전의 텍스트가 저장된 전자북eBook 저장소 프로젝트인 구텐베르크(http://www.gutenberg.org) 같은 지식의 '보관소' 말이다. 이 방대한 자료를 보관하는 것만으로 끝나는 것이 아니다. 인터넷의 또 다른 매력은 자료를 정적으로 보관함과 동시에 사람들에 의해 끊임없이 동적으로 사용된다는 점이다. 이 점을 잘 이용하면 정적인 정보로부터 학습하기 매우 힘든 내용을 유추하거나 학습할 수 있다. 예를 들어 구글 검색 엔진은 사용자들이 무엇을 검색하는가로부터 끊임없이 새로운 정보를 '배운다.' 구글에 'brine spears'를 검색하면 자동으로 'Britney Spears'라고 교정한 뒤 해당 검색 결과를 보여 준다. 원래의 검색어는 소금물brine에 절인 아스파라거스 줄기spears라고 해석될 수 있지만 구글은 그보다 유명 가수의 이름을 잘못 입력했을 확률이 더 높다는 사실을 이미 알고 있기 때문이다(이것은 사용자들이 입력한 검색 키워드와, 궁극적으로 어떤 페이지를 찾아 들어갔는지의 연관성을 관찰함으로써 배울 수 있다). 구글은 고유 명사뿐 아니라 일반 명사에 대해서도 같은 교정을 시도하기 때문에, 정확한 철자가 떠오르지 않을 때 기억나는 대로 단어를 입력하면 구글이 알아서 교정해 준다. 흥미로운 점은 구글 검색 엔진은 사전을 이용하지 않고도 사용자들의 철자를 교정할 줄 안다는 것이다. 브리트니 스피어스의 예제와 마찬가지로, 사용자들이 결국에는 어떤 사이트로 찾아 들어가기를 원하는지를 매우 높은 확률로 알고 있기 때문이다.

물론 인터넷의 동적인 변화는 사람뿐 아니라 기계 또한 잘못된 정보를 배울 수 있다는 의미도 된다. 다시 말해서 인공 지능이 인터넷을 통해 뭔가 배울 경우, 그 수준은 정확히 인터넷에 담긴 정보의 평균 수준과 같을 수밖에 없다. 내가 런던 킹스 칼리지에 재학 중이던 2007년경에 구글 팀이 방문해 가수 브리트니 스피어스Britney Spears의 검색 연관어 예제를 보여 주었을 때는, 자동 교정을 무시한 뒤 'briney spears'라고 검색하면 아스파라거스 통조림에 관련된 페이지가 한두 개 정도는 보였던 것으로 기억한다. 하지만 최근 같은 검색어를 입력하면 결과는 온통 브리트니 스피어스와 관련된 내용뿐이다. 통조림을 보고 싶다면 순서를 바꿔서 'spears brine'이라고 검색하면 되지만, 그래도 여전히 가수와 관련된 페이지가 몇 개 뜬다. 오타가 담긴 웹페이지의 양이 그만큼 늘었고, 구글은 전보다 더 확신을 가지고 사용자의 오타(라고 생각된 입력)를 교정하는 것이다. 사용자 입장에서는 구글이 더 똑똑해진 것일 수 있지만, 어떤 의미에서 구글은 이제 아스파라거스 통조림의 존재를 전보다 잘 모른다고 할 수도 있지 않을까?

가까운 시일 안에 인터넷 자체가 〈터미네이터〉 시리즈의 스카이넷처럼 인류를 위협하는 존재로 다시 태어날 확률은 0에 가깝다. 하지만 만약 그런 존재가 언젠가 만들어진다고 가정하면 우리가 인터넷에 쏟아 부어 저장한 정보와 지식이 그 기계에게 유용하게 사용되리라는 점 또한 부인할 수 없다.

SHRDLU의 이름에 얽힌 이야기

지금은 컴퓨터를 이용해 원고를 조판하지만 이전에는 라이노타입Linotype이라는 출판 기술이 널리 사용되었다. 라이노타입 기계를 조작할 때 조작 편의를 위해서 알파벳의 사용 빈도 순서로 키보드 첫째 열이 ETAOIN, 둘째 열이 SHRDLU로 배열되어 있었다. 라이노타입 기계에는 입력하던 줄을 지우는 기능이 없어 조판공들은 실수로 망친 줄 뒤에 의미 없는 무작위 알파벳을 채워 넣고 교정할 때 바로 잡았다. 가끔 교정에서 이를 놓쳐 무작위로 사용한 조합인 SHRDLU가 인쇄되어 나왔다. 테리 위노그래드가 어릴 적 보던 잡지 〈매드MAD〉는 일부러 SHRDLU를 말도 안 되는 내용을 뜻하는 단어로 사용했다고 한다. 위노그래드는 무작위 알파벳처럼 보이면서도 의미가 있는 단어를 프로그램명으로 하고 싶어서 SHRDLU를 골랐다고 한다.

몇 년 뒤 누군가 위노그래드에게 프레드릭 브라운Fredric Brown의 1942년작 SF 소설을 건넸는데 제목이 《ETAOIN SHRDLU》였다고 한다. 지능을 가진 라이노타입 기계 ETAOIN SHRDLU는 자기가 인쇄한 책의 내용을 모두 학습한 뒤 세계를 정복하려 한다. 하지만 소설의 주인공은 ETAOIN SHRDLU에게 불경을 인쇄하게 함으로써 세계 정복 계획에 제동을 건다. 인쇄한 것은 뭐든지 학습하는 기계가 불교의 가르침에 따라 세계를 정복하는 것이 헛됨을 깨달았기 때문이다. 위노그래드는 아마 어렸을 때 자기도 이 책을 읽지 않았을까 하고 회상했다.

인공 지능의 역사에 이름을 남긴 것은 인간뿐만이 아니다. 비록 강한 인공 지능에 도달하지는 못했지만, 일부 인공 지능 프로그램은 제작자인 인간만큼이나 유명하다. 이 책은 인공 지능에 대한 것이므로 역사에 족적을 남긴 자연 지능(인간)과 인공 지능을 동등하게 다루는 것이 공평할 것이다.

체스는 컴퓨터의 지능을 시험하는 흔한 잣대 중 하나였다. 사진은 미국 워싱턴 대학 로봇 공학 연구실에서 개발한 체스 로봇 갬빗Gambit. 실제 로봇 팔로 사람이 사용하는 체스 말을 섬세하게 조작할 수 있다.

4 전시실

인간과 기계들

4 전시실

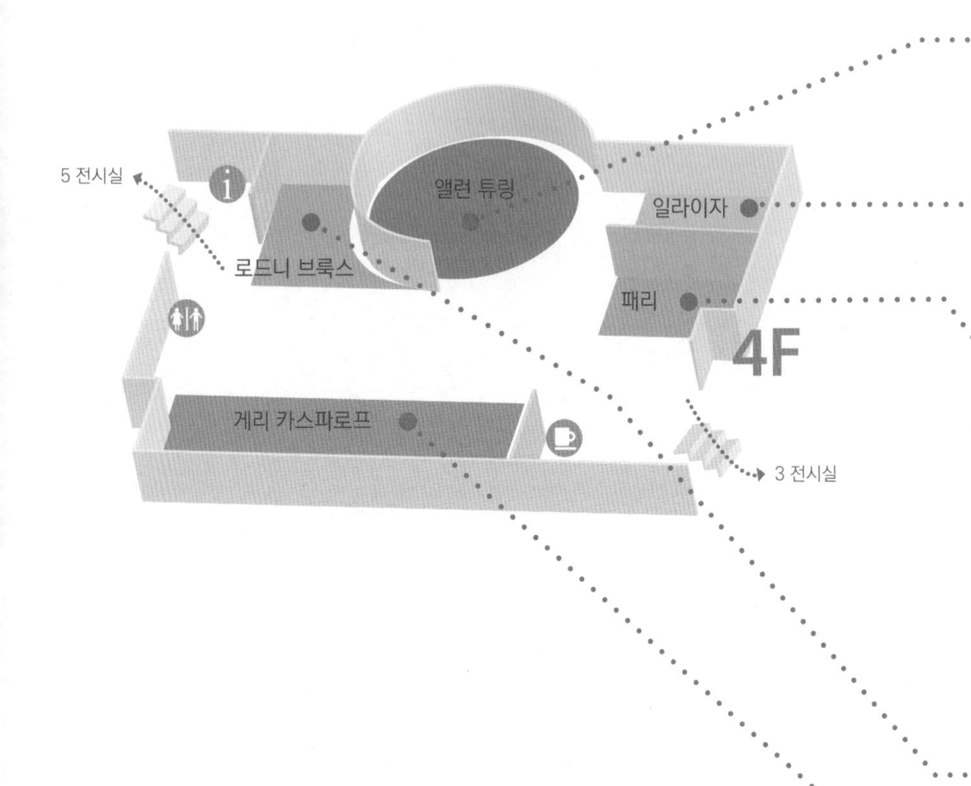

과학의 역사는 일면 그것을 탐구한 인간들의 역사이고, 따라서 어느 페이지를 펼쳐도 드라마가 가득하다. 하지만 인공 지능의 역사는 그보다 두 배는 더 요란하다. 인공 지능을 연구한 사람들뿐 아니라 그들이 만들어 낸 프로그램들도 한몫 거들기 때문이다. 우리가 아는 인공 지능 프로그램 중에는 초인간적인 계산 능력을 가진 체스 컴퓨터도 있지만, 의사도 있고, 심지어 정신분열증 환자도 있다. 인간과 기계가 함께 써내려간 희비극의 역사를 살펴보자.

앨런 튜링
현대 컴퓨터의 이론적 토대가 되는 계산 이론을 정립한 수학자이자 2차 세계 대전 동안 독일군의 암호를 해독하는 데 큰 기여를 한 암호학자다.

일라이자
요제프 바이첸바움이 만든 인공 지능 정신과 의사. 실제로는 말장난에 가까운 프로그램임에도 불구하고 1960년대 일반 사용자들의 반응은 진지했다. 인공 지능의 완성도는 인간이 해당 프로그램을 어떻게 수용하는지에 크게 좌우된다는 교훈을 남긴다.

패리
일라이자의 사촌으로, 인공 지능 정신분열증 환자이다. 일라이자에게 직접 상담을 받기도 했는데, 왠지 의사보다 환자가 더 능력 있어 보이는 묘한 결과를 낳았다.

로드니 브룩스
누벨 AI 운동의 기수. 로봇 공학자인 그는 자신의 인공 지능 이론을 적용해 로봇 청소기를 SF에 등장하는 상상의 대상이 아닌 일상생활에서 흔히 볼 수 있는 물건으로 바꿔 놓았다.

게리 카스파로프
인공 지능에게 최초로 패배한 인간으로 유명한 체스 그랜드마스터. 이 패배의 경험을 바탕으로 어느 인공 지능 전문가 못지않은 깊은 통찰을 보였다.

기계들은 굉장히 자주 나를 놀래킨다.

앨런 튜링

현대 컴퓨터 과학과 인공 지능의 거인, 튜링

앨런 튜링은 1945~1947년까지 영국의 국립 물리 연구소National Physical Lab에서 근무했다. 그때 혼자서 취미로 달리기를 즐기던 튜링을 월튼 육상 클럽Walton Athletic Club 회원들이 발견하고 초대했다. 튜링은 상당한 수준의 장거리 주자였는데, 그가 수립한 공식 마라톤 최고 기록인 2시간 46분 3초는 1948년 올림픽 금메달 기록과 11분밖에 차이나지 않았다. 육상 클럽 회원 중 누군가가 왜 그렇게 자신을 학대하다시피 달리기에 몰두하냐고 물었을 때 튜링은 "직업으로 인해 어찌나 스트레스를 받는지 그걸 잊자면 있는 힘껏 뛰는 수밖에 없습니다"라고 대답했다고 한다.

이미 이 책의 상당 부분을 튜링의 연구 결과를 설명하는 데 바쳤

1946년의 어느 토요일에 모인 월튼 육상 클럽 회원들. 가장 왼쪽, 버스 입구에 발을 걸치고 서 있는 사람이 앨런 튜링이다.

다. 그럼에도 주목해야 할 인공 지능 연구자를 거론하는 장에서 또 다시 튜링을 불러내는 첫 번째 이유는 컴퓨터 과학과 인공 지능 연구에서 그가 그만큼 거인이기 때문이다. 자연과학에 노벨상, 수학에 필즈상Fields Medal이 있다면 컴퓨터 과학에서 같은 위치에 있는 상이 바로 튜링상Turing Award● 이다. 이 상의 이름만 보아도 그의 위상을 짐작할 수 있다. 계산이 가능한 것과 불가능한 것의 이론적인 경계를 수립한 것은 물론이고 실제 기계로 구현이 가능한 보편 튜링 기계의 구상을 남긴 것까지, 현대 컴퓨터 과학에서 튜링의 업적에 기대지 않은 분야는 거의 없다.

튜링을 다시 거론할 수밖에 없는 두 번째 이유는 컴퓨터 과학을 넘어서는 것이다. 일반인들에게는 비교적 뒤늦게야 알려졌지만 2차 세계 대전 중 튜링은 다른 수학자들과 함께 영국의 블레츨리 파크라는 비밀 연구소에서 일하며 독일군이 사용한 에니그마 암호 체계를 해석

● 내가 지금 몸담고 있는 CREST(Centre for Research on Evolution, Search, and Testing) 그룹은 한 달에 한 번 꼴로 공개 워크숍을 진행하는데, 참석자들의 이름과 서명을 받아두는 두꺼운 공책이 있다. 매번 참가자들에게 공책을 돌릴 때마다 "여러분 중에 튜링상을 받는 사람이 혹시라도 나오면, 이 워크숍에 왔었다는 것을 증명하기 위해서 입니다"라는 말을 하곤 한다.

튜링이 설계한 에니그마 암호 해독 기계 봄베Bombe는 2차 세계 대전 종전 이후 대부분이 파기되었다. 봄베는 독일어로 고압 기체를 저장하는 강철 용기를 뜻한다. 사진의 봄베는 3년에 걸친 복원 작업으로 2008년에 재구성된 것이다.

하는 데 중요한 공헌을 했다. 영국 정보부의 역사학자 프랜시스 해리 힌슬리 경Sir Francis Harry Hinsley은 블레츨리 파크가 독일군의 암호를 해독해내지 못했다면 2차 세계 대전은 2~4년 정도 더 길어졌을 것이라고 평가했다. 이것이 사실이라면 튜링과 다른 수학자들이 구한 인명의 숫자는 헤아릴 수 없을 것이다. 처칠은 블레츨리 파크에서 근무한 이들을 "소리 한 번 내지 않고 황금알을 계속 낳는 거위"라고 불렀다. 블레츨리 파크는 전쟁의 흐름을 바꿨을 뿐 아니라 초기 컴퓨터의 발전에도 중요한 역할을 했다. 프로그램이 가능한 최초의 컴퓨터인 콜로서스

그리스어로 '수수께끼'라는 뜻을 지닌 에니그마는 회전자 rotors를 이용해 대단히 복잡한 암호로 체계를 만들었다. 사진은 2차 세계 대전 당시 독일군이 에니그마를 사용하는 모습.

가 블레츨리 파크에서 만들어졌기 때문이다. 초기 모델은 반도체가 아닌 진공관을 사용했으며, 독일군이 사용한 또 다른 암호 체계인 로렌츠Lorenz 암호를 해독하는 데 사용되었다. 튜링이 튜링 테스트를 제안한 논문에서, 생각하는 컴퓨터에게 적합한 임무로 암호학을 제안한 것은 우연이 아니다. 불행히도 비밀을 최우선시한 영국 정부의 정책 때문에 종전 당시 10대나 제작되어 사용되던 콜로서스 하드웨어 대부분은 설계도와 함께 파기되었다. 블레츨리 파크는 건물뿐 아니라 존재 자체가 희미하게 잊혀 가다가 최근 영국 정부를 비롯해 구글 등 여러 기업의 지원을 받아 박물관으로 거듭났다.

종전 이후 튜링은 맨체스터 대학 수학과에서 연구를 계속했다. 이 대학의 컴퓨터 연구소 부소장을 맡아 최초의 프로그램 내장형 컴퓨터 중 하나인 페란티 마크 1을 위해 소프트웨어를 개발했고, 앞서 소개한 논문 〈계산 기계와 지능〉도 이 시기에 발표했다. 수학자로서 튜링의

앨런 튜링과 동료들이 페란티 마크 I을 작동하는 모습.

천재성은 컴퓨터에만 국한되지 않아서, 1950년대 들어서는 형태 발생 morphogenesis에 대한 수리 생물학적 설명을 시도하는 기념비적인 논문을 발표하기도 한다. 생물 개체는 배아 세포 단계에서 모두 같은 세포로 구성되어 있는데 어떻게 성장하면서 서로 다른 형태를 가진 부위를 형성하는가 하는 것이 형태 발생의 문제인데, 튜링은 그 화학적 작동 기제를 설명하는 이론을 세웠고, 이 이론은 튜링 사후 수십 년이 지난 뒤에 실험적으로 검증되었다.

이러한 뛰어난 업적을 쌓았음에도 불구하고 튜링의 운명은 밝지 못했다. 당시 영국은 동성애를 범죄로 취급했다. 동성애자인 튜링은 1952년 동성연애가 밝혀져 기소되었고, 징역 대신 화학적 거세 치료를 받는 조건으로 집행유예를 선고받는다. 튜링에게 실형이 선고된* 뒤 영국 정보부는 암호 분석과 관련해 튜링이 자문 활동을 하기 위해 가지고 있던 보안 권한을 해제했다. 더구나 소련이 동성애자들을 스파이로 이용하고 있다는 소문이 나돌던 시대였기 때문에 미국 입국도 거절당했다. 1954년 6월 8일, 튜링은 자신의 집에서 숨진 채로 청소부에게 발견된다. 그의 죽음은 청산가리를 이용한 자살**로 알려져 있으나 일부에서는 화학 실험 기구의 오용으로 인한 사고였다는 주장도 있다. 사인이야 어찌됐든 마흔한 살인 그가 세상을 떠나기엔 너무나 일렀다. 오래 살았더라면 더 많은 업적을 남기지 않았을까 하는 생각이 든다. 하지만 그보다 더 큰 아쉬움이 있다. 1912년생인 튜링이 달리기로 다진 체력을 바탕으로 건강을 유지해 1997년 IBM의 체스 컴퓨터 딥 블루가 인간에게 승리를 거두는 장면을 목격했다면 얼마나 좋아했을까.

* 2013년 크리스마스이브에 영국 정부는 앨런 튜링의 동성애 범죄에 대해 사후 특별 사면 조치를 내렸다. 튜링의 사면은 영국 왕실의 특별 사면권을 이용해 처리되었는데, 2차 세계 대전 이후 튜링을 포함해 단 네 번밖에 사용되지 않은 권한이다. 원래 왕실 특별 사면은 애초에 명백히 무죄인데 억울하게 기소되었고, 직계 가족이 사면을 신청할 경우에만 발동될 수 있다. 하지만 튜링은 둘 중 어느 조건에도 해당되지 않는다. 2013년 사면의 시발점이 된 온라인 청원 운동의 결과가 접수되었을 때 법무부 장관 맥낼리 경은 "당시 법에 따라 분명히 범죄였던 것을 나중에 억지로 고치는 것은 옳지 않다"며 "이런 경우 우리의 원칙은 고칠 수 없는 역사를 고치기보다는 앞으로는 이런 일이 벌어지지 않도록 하는 것"이라는 입장을 밝혔다. 인권운동가 피터 탯첼은 사면 뒤 총리에게 보낸 공개서한에서 "같은 죄목으로 기소된 수많은 다른 사람들은 내버려둔 채 명성과 업적 때문에 튜링만을 특별 취급하는 것은 옳지 않다"고 주장했다.

** 튜링의 사망 현장에서 한 입 베어 문 사과가 발견되어, 독극물을 사과에 주입한 뒤 먹은 것이 아니냐는 추측이 있었다. 한 입 베어 문 사과는 애플Apple의 로고와 유사하기 때문에 애플의 로고에 튜링을 기리는 의미가 있다는 이야기가 널리 알려져 있으나 이는 사실이 아니다. 1976년에 사과 모양의 로고를 디자인한 롭 자노프Rob Janoff에 따르면 베어 문 자국은 로고에 등장하는 과일이 체리가 아니라 사과임을 나타내기 위해서였다고 한다.

바이첸바움과 일라이자

다음은 한 정신과 의사가 젊은 여성 환자와 가진 상담 내용이다.

환자 남자들은 다 똑같아요.

의사 어떻게요?

환자 맨날 여자들한테 사소한 걸로 꼬치꼬치 따지고 귀찮게 하잖아요.

의사 구체적인 예를 들어 줄 수 있나요?

환자 음, 제 남자 친구가 저를 여기 보냈어요.

의사 남자 친구가 환자분을 병원으로 보냈다고요?

환자 남자 친구 말이 제가 늘 우울해 있대요.

의사 우울하시다니 안됐군요.

환자 사실인걸요. 저는 불행해요.

의사 병원에 오면 불행하지 않게 되는 데 도움이 될 것 같나요?

환자 제가 뭔가 도움이 필요한 것만은 확실해요.

의사 도움을 받는다는 게 환자분에게 어떤 의미가 있을까요?

환자 글쎄, 아마 엄마랑 좀 더 친하게 지낼 수 있게 될지도 모르죠.

의사 환자분 가족에 대해서 좀 더 말씀해 주세요.

환자 엄마는 늘 저한테 잘해 주세요.

의사　가족 중 누가 또 환자분한테 잘해 주나요?

환자　아버지요.

의사　아버지.

환자　선생님도 저희 아버지 같은 부분이 좀 있네요.

의사　어떤 점이 닮았나요?

환자　선생님도 별로 과감하지 않은 성격인 것 같은데, 저한테는 그런 인상을 주기 싫어하시는 것 같아요.

의사　어째서 제가 과감하지 않다고 생각하세요?

환자　제 생각에 전혀 반대를 안 하시니까요.

의사　환자분 생각에는 제가 왜 반대를 안 하는 것 같나요?

환자　제가 무서워서요.

의사　제가 환자분을 무서워한다고 생각하면 기분이 나쁜가요?

환자　저희 아버지는 남이라면 누구든 무서워해요.

의사　아버지를 생각하면 또 뭐가 연상되나요?

환자　깡패요.

의사　방금 말씀하신 게, 남자 친구가 환자분을 병원으로 보낸 것과 뭔가 관계가 있다고 생각하세요?

정신과 상담 기록을 책에 공개하다니 의료법 위반이 아닌가 생각하기 전에 힌트를 하나 던지면, 위의 대화 기록에 등장하는 의사와 환자 중 한 명은 인공 지능이다(따라서 적어도 현행법상 이것은 의료 기록이 아니다). 누가 인공 지능일까? 정답은 의사다. 조금 생각해 보면 그렇게 어려운 질문은 아니다. 의사가 하는 말에 비해 환자가 하는 말은 아버지와 남자 친구의 존재를 상상해 내야 하는 등 꾸며내기가 훨씬 더 어렵기 때문이다. 하지만 이것은 둘 중 하나가 인공 지능이라는 힌트를 듣고 나서의 이야기이다. 이 장을 처음 펼쳤을 때 이 대화가 실제 의사와 환자 사이의 대화라는 것을 크게 의심한 사람은 없었을 것이다.

환자를 상담하고 있는 인공 지능 프로그램은 컴퓨터 공학자 요제프 바이첸바움Joseph Weizenbaum[•]이 MIT에서 1966년에 만든 일라이자Eliza라는 프로그램이다(앞의 대화 기록은 바이첸바움의 저서 《컴퓨터의 힘과 인간의 이성Computer Power and Human Reason》에 있다). 바이첸바움은 미국의 심리학자 칼 로저스Carl Rogers가 1940~1950년대에 개발한 상담 치료 이론인 환자(내담자) 중심 상담 이론을 일라이자의 모델로 삼았다. 이 이론에 따르면 상담 치료자는 환자의 행동에 대해 가치 판단을 하는 대신 긍정적인 태도와 공감을 나타내면서 환자가 스스로 문제점을 깨달을 수 있는 편안한 환경을 만드는 것을 목표로 해야 한다. 조금 삐딱하게 말하자면, 환자가 스스로의 이야기를 계속할 수 있도록 격려하는 것 외에는 치료자가 하는 일이 별로 없다는 것이고, 그래서 컴퓨터로 흉내 내기가 쉽다고 이야기할 수도 있다.

• 요제프 바이첸바움(1923~2008)은 미국의 컴퓨터 과학자이다. 독일에서 태어났으나 유대인 부모와 함께 1936년 나치를 피해 미국으로 건너왔다. 1966년 개발한 인공 지능 프로그램 일라이자는 컴퓨터가 정신과 의사 역할을 할 수 있다고 믿게 하였다. 여기에 놀란 바이첸바움은 이후 인공 지능에게 윤리적인 판단을 맡겨서는 안 된다는 입장을 고수했다. 1996년 고향인 베를린으로 돌아간 뒤 그곳에서 숨을 거뒀다.

바이첸바움도 이러한 한계를 잘 파악한 것 같다. 일라이자를 만든 동기는 결코 진지한 의료 행위를 위해서가 아니라 반쯤 장난에서였던 것처럼 보인다. 이렇게 미루어 짐작할 수 있는 이유는 프로그램의 이름 때문이다. 일라이자라는 이름은 조지 버나드 쇼의 희곡 《피그말리온》의 주인공에게서 따온 것이다.• 음성학 교수인 히긴스는 누구든 상류층처럼 발음하는 법만 익히면 귀족 행세를 할 수 있다며, 동료에게 꽃을 파는 노동자 계급 처녀인 일라이자를 공작부인으로 꾸며 낼 수 있다는 내기를 건다. 희곡의 뒷부분에서 일라이자는 히긴스의 지도 아래 훈련을 거쳐 완벽한 상류 계급 악센트로 말하지만, 대화의 내용은 자신의 출신 계급을 벗어나지 못한다(이 난리법석을 통해 쇼가 드러내고자 하는 것은 영국 계급 체계의 우스꽝스러운 단면이다). 귀족 같은 발음으로 상스러운 소리를 하는 것과, 정신과 의사 같은 말투로 사실은 아무 의미도 없는 말을 하는 것 사이에는 흥미로운 유사점이 있다. 자기가 만든 프로그램의 한계를 잘 알았던 바이첸바움도 이 유사점에 주목해서 이름을 골랐으리라.

하지만 정말 그럴듯한 대화인데 아무런 의미가 없다니? 환자 중심 상담 치료법이 환자의 발화를 계속해서 이끌어 내는 데 주목하는 만큼, 의사의 발언은 거의 대부분 환자가 한 말을 그대로 되돌려주는 것에 불과하다. 실제 일라이자를 재현한 프로그램이 의사의 답변을 만들어 내는 규칙을 보자.

• 이 희곡을 각색한 영화가 〈마이 페어 레이디My Fair Lady〉(1964)로, 오드리 헵번이 일라이자 역을 맡았다.

만약 환자가 "나는 X가 필요해요"라고 말하면, 다음 중 하나로 대답한다.

- 왜 X가 필요한가요?
- 만약 X가 있으면 정말 도움이 될까요?
- 정말 X가 꼭 있어야 한다고 생각하세요?

만약 환자가 "나는 X(에)요"라고 말하면 다음 중 하나로 대답한다.

- 환자분이 X여서 의사를 보러 오셨나요?
- 얼마나 오랫동안 X였나요?
- 스스로가 X인데 대해 어떤 기분이 드나요?

심지어 속내를 알고 나면 정말 웃을 수밖에 없는 다음과 같은 규칙도 있다.

만약 환자가 "뭐가……?"라고 물으면 다음 중 하나로 대답한다.

- 왜 물으세요?
- 답을 듣는 게 어떻게 도움이 될 것 같아요?
- 환자분은 어떻게 생각하세요?

만약 환자가 "미안"이라는 단어를 사용하면 다음 중 하나로 대답한다.

- 미안해하지 않아도 되는 경우도 많이 있어요.
- 남한테 사과할 때는 어떤 기분이 들어요?

환자가 아무런 규칙도 적용할 수 없는, 이해 불가능한 말을 하면 다음 중 하나로 대답한다.

- 계속 말씀해 보세요.
- 정말 흥미롭군요.
- 알겠습니다.
- 그래요. 그게 무슨 뜻인 것 같나요?
- ……

마치 방법을 알기 전에는 신기해 보였다가 설명을 듣고 나면 시시해 보이는 마술 트릭과 같다. 그런데 이 모든 것이 시시한 말장난에 지나지 않았다면 일라이자가 인공 지능의 역사에 이름을 남겼을 리 없다. 바이첸바움을 깜짝 놀래킨 것은 주변 사람들의 반응이었다. 바이첸바움이 어느 날 자리를 잠시 비웠다가 돌아와 보니 비서가 터미널을 통해 일라이자와 긴 대화를 나누고 있었다. 비서에게 그건 그냥 컴퓨터 프로그램이고, 당신이 한 이야기가 전부 기록에 남아 내가 나중에 보게 된다고 말하자 비서는 사생활 침해라며 크게 화를 냈다. 전해지는 여러 일화에 따르면, 이런저런 경로로 일라이자와 대화를 나눈 많은 사람들이 상대방이 진짜 의사라고 굳게 믿거나, 일라이자의 상담 세션이 실질적인 도움을 줄 수 있다고 생각하거나, 혹은 상담에 강한 애착을 보였다고 한다.

일라이자는 매우 간단한 프로그램임에도 불구하고 튜링 테스트, 나아가서 인공 지능의 의미와 한계를 다양한 각도에서 다시 한 번 생각해 보게 한다. 어떤 의미에서 일라이자는 튜링 테스트를 완벽하게 통과했지만(사람들은 상대가 기계라는 것을 믿기를 거부했다) 일라이자가 언어를 이해하거나 사고를 할 수 있는 능력을 가졌기 때문이라기보다 적절한 맥락의 설정(정신과 상담)과 감독관, 즉 환자 역할을 하는 사용자의 미숙함 때문이다. 두 가지 모두 튜링 테스트의 약점으로 지적할 수 있는 것들이다. 일라이자는 중국어 방 사고 실험과도 깊은 관계가 있다. 바이첸바움이 놀라다 못해 자신의 성공에 격한 거부 반응을 보인 것은, 사람들이 일라이자가 자신들의 문제를 진정으로 이해했으며 상담이 실제로 치료 효과가 있다고 믿었기 때문이었다. 당연한 이야기지만, 일라이자는 사람들의 정신과적인 문제는커녕 환자가 한 말의 단 한 마디도 '이해'하지 못한다(앞서 봤듯이 약간의 조작을 거쳐 그대로 되돌려줄 뿐이다). 일라이자와 관련된 각종 일화들은 결국 일라이자 효과ELIZA Effect라는 용어를 낳았다. 일라이자 효과는 사용자가 컴퓨터가 보이는 행동에 인간적인 의미를 부여하는 것을 뜻한다.

바이첸바움이 성공에 거부 반응을 보였다는 것은 과장된 표현이 아니다. 사람들이 보인 뜻밖의 반응에 실망한 나머지, 그는 일라이자 프로젝트를 접어 버렸고 1976년에는 자신의 경험을 바탕으로 인공 지능의 위험을 경고하는 저서 《컴퓨터의 힘과 인간의 이성》을 낸다. 컴퓨터 과학 역사상 자기가 만든 프로그램을 두고 "이런 걸 내버려두면 인류에 해가 된다"며 책까지 써서 더 이상의 개발을 뜯어말린 경우는 흔치 않다.

그 속을 조금만 들여다보면 작동 방법이 실망스러우리만큼 간단한 프로그램을 두고 "인공 지능에게 중요한 결정을 맡겨서는 안 된다"라고 주장한 것은 너무 지나친 우려가 아니었던가 하는 생각이 들기도 한다. 하지만 증권 시장에서 인간의 개입이 전혀 없는 프로그램들이 매순간 엄청난 양의 돈을 거래하는 것이 일상사인 지금, 컴퓨터는 오직 주어진 계산을 할 뿐이므로 계산 활동인 결정decision은 맡길 수 있을지언정 가치 판단의 문제인 선택choice은 컴퓨터에게 맡길 수 없다는 바이첸바움의 말은 새겨들을 만하다.

패리

독자들 중 일라이자에 대한 이야기를 읽고 이미 패리PARRY의 실체를 눈치챘거나, 혹은 패리와 비슷한 것도 만들어 볼 수 있겠다는 것을 생각한 사람이 있다면 명민함에 박수를 보낸다. 일라이자가 환자 중심적 심리 치료사를 흉내 혹은 패러디했다면, 패리는 정신과 의사 케네스 콜비Kenneth Colby가 1972년에 만든 인공 지능 편집성 정신분열증 환자이다! 아이러니하게도 패리는 일라이자보다 기술적으로 진보한 존재였다. 패리는 단순히 말 바꾸기 놀이를 하는 일라이자보다 좀 더 본격적인 대화를 가능하게 하는 전략을 갖고 있었다. 단, 편집성 정신분열증 환자를 모델로 해서 말이다. 패리가 사람과 나눈 다음 대화를 보자.

인간 오늘 기분이 어때요?

패리 괜찮아요.

인간 이름이 뭔가요?

패리 프랭크 스미스입니다.

인간 나이는?

패리 스물여덟.

인간 결혼은 했나요?

패리 아니오.

……

인간 왜 병원에 왔죠?

패리 난 여기 있을 필요 없어요.

인간 누가 데려왔죠?

패리 경찰.

인간 경찰이랑 무슨 문제가 있나요?

패리 경찰들은 자기 일을 제대로 안 해요.

인간 그럼 뭘 하는데요?

패리 경찰들은 엉뚱한 사람을 체포한다고요.

인간 가끔 진짜 범인을 잡을 때도 있잖아요.

패리 법대로 그 이탈리아 사기꾼들을 잡아넣어야 돼요.

인간 당신도 이탈리아 사람인가요?

패리 집안은 영국 출신이지만 미국에서 태어났어요.

인간 이탈리아 사기꾼 중에 아는 사람이 있나요?

패리 어둠의 세계는 되도록 피하려고 합니다.

인간 어둠의 세계가 무서운가요?

패리 마피아보다 무서운 갱이 있나요?

인간 마피아랑 연관이 있나요?

패리 그놈들이 나를 안다니까요.

인간 어떻게 아는데요?

패리 나한테 스파이를 붙였어요.

인간 왜요?

패리 가짜 증거를 잡아서 날 모함하려고.

인간 당신한테 무슨 원한이 있길래 그런가요?

패리 날 잡고 싶어 해요.

인간 그러니까 왜요?

패리 나한테 마피아에 불리한 증거가 있거든요.

인간 확실해요?

패리 지금 날 안 믿는 거예요?

패리는 마피아가 자기를 노리고 있다는 망상에 시달리는 환자 역할을 제법 설득력 있게 해낸다. 의사에 비해 정신분열증 환자는 흉내 내기 더 쉽다고 생각할지 모르겠으나, 이름과 나이, 결혼 여부 등을 답하는 능력은 일라이자에게는 전혀 없는 것이다("의사 선생님 이름은 뭔가요?"라고 일라이자에 묻는다면 필시 "매우 흥미롭군요. 계속 말씀해 보세요"라고 했을 터이다). 1970년대 초, 정신과 의사들을 대상으로 패리의 튜링 테스트가 행해졌다. 일부 의사들은 패리와 실제 환자를 섞은 그룹을 상대로 텔레프린터로 상담을 진행했고, 나머지 의사들은 이 상담 내용을 종이에 기록한 것을 검토했다. 패리와 실제 환자를 정확하게 구분한 의사는 전체의 48%로 튜링이 상상한 절반의 성공률에 만족스럽게 근접했다. 물론 일라이자에 적용했던 튜링 테스트의 약점은 여기서도 그대로 적용된다. 또 패리가 정말 정신분열증이 뭔지 이해하는 것은 아니다.

패리, 일라이자를 만나다

인공 지능 의사와 인공 지능 환자를 모두 구현한 이상, 다음 단계가 무엇이 될지는 자명했다. 패리와 일라이자는 여러 번 서로 '만난' 적이 있다. 1972년 국제 컴퓨터 통신 회의International Conference on Computer Communication에서 인터넷의 전신인 ARPANET(Advanced Research Projects Agency Network)을 통해 이루어진 인공 지능 간의 심리 치료 상담 기록은 인터넷의 인프라를 관리하는 기관인 IETF(Internet Engineering Task Force)의 기술 문서 RFC439번에 영구히 남아 있다. 패리가 1972년에 만들어졌는데, 바로 같은 해에 이 대화가 이루어진 것을 보면 당시의 컴퓨터 엔지니어들이 패리와 일라이자가 만났을 때 무슨 일이 벌어질지 몹시 궁금해했다는 것을 알 수 있다.

일라이자	안녕하세요. 환자분의 문제가 뭔지 말씀해 주세요. 입력은 마침표나 물음표로 끝내 주세요.
패리	사람들이 가끔 날 너무 짜증나게 해요.
일라이자	무슨 말씀인지 잘 이해가 안 되는데요.
패리	좀 집중해서 들으세요.
일라이자	좀 더 집중을 한다고 가정해 보세요.
패리	선생님이 어떻게 생각하든 그건 선생님 마음이고요.
일라이자	왜 그게 제 맘대로라고 생각하죠?
패리	그냥 주변 사람들을 쳐다보는 거 자체가 짜증이 나요.
일라이자	계속해 보세요.
패리	얼마 전에 베이 메로우즈에 있는 경마장에 갔어요.
일라이자	그게 무슨 의미인 것 같나요?
패리	경마에 갔다고요.
일라이자	또 하고 싶은 다른 이야기가 있나요?
패리	난 경마에 관심이 있어요.
일라이자	왜 지금 그 이야기를 하는 거죠?
패리	경마 결과로 장난치는 사기도박이 많아요.

일라이자 무슨 말씀인지 잘 이해가 안 되는데요.

패리 난 잘 이해되는데요.

일라이자 저한테만 이해가 잘 안 된다고 생각하세요?

패리 아무튼 경마장에 갔어요.

일라이자 계속하세요.

패리 경주마로 도박을 한다고요.

일라이자 그게 무슨 의미인 것 같나요?

패리 경마장에 갔어요.

일라이자 또 하고 싶은 다른 이야기가 있나요?

패리 도박해서 뭐 좋은 일이 없었어요.

일라이자 왜 지금 그 이야기를 하는 거죠?

패리 경마장에서 사기도박에 당해 봤다고요.

일라이자 무슨 말씀인지 잘 이해가 안 되는데요.

패리 이미 무슨 말인지 충분히 이야기했잖아요.

……

굳이 둘 중에 승자를 정해야 한다면 패리의 대화 기술이 판정승을 거두었다는데 이견이 별로 없을 것이다. 일라이자의 판에 박은 대답은 가끔 안타까울 정도이며("무슨 말씀이신지 잘 이해가 안 되는데요"), 위의 마지막 문장 뒤에는 패리의 깊은 한숨 소리가 들려오는 듯하다. 대화의 마지막에 패리는 "아 이제 더는 못해 먹겠네. 안녕히 계세요"라며 자리를 뜨고, 일라이자는 마지막으로(아마 프로그래머가 장난으로 일부러 넣은 것이겠지만) "별말씀을요. 진료비는 399.29달러입니다"라고 말한다. 인터넷 역사에 공식적으로 기록된 몇 안 되는 진정한 희극 중 하나다.

우리 곁의 일라이자와 패리

일라이자와 패리는 단순히 웃음거리에 그치고 만 실패한 실험일까? 인공 지능 연구의 많은 부분에서 그랬듯이, 이 경우에도 실용적인 가치는 언어를 진정으로 이해할 수 있는 첨단 인공 지능 기술이 아닌, 그보다 훨씬 단순한 무언가에 있었다. 오늘날 인터넷상의 다양한 채팅 서비스에는 일라이자와 패리의 후손이라고 할 만한 채팅 로봇, 이른바 챗봇(chatterbot/chatbot)들이 많이 존재한다. 이들 중 누구도 중국어 방 패러독스로부터 자유롭지는 못하지만, 선조들에 비하면 이들의 대화 기술은 월등히 향상되어 있다.

오늘날의 챗봇들도 여전히 'X라고 말하면 Y라고 답한다'는 식의 규칙을 따르기는 하지만, 일라이자나 패리에 비해 사람이 한 말을 훨씬 더 섬세하게 분석할 수 있다. 중요한 단어 한두 개(예를 들어 sorry)만을 이용해서 대답하는 것이 아니라 사람이 한 말의 문장 구조를 분석해 주어, 동사, 목적어를 파악한 후 답하기 때문에 좀 더 정확하게 할 수 있다. 물론 자연 언어는 컴퓨터가 능숙하게 분석하기에는 너무나 유연하고 방대하기 때문에, (예를 들어 주어진 영어 문장이 문법에 부합하는지를 판단하는 등의) 간단해 보이는 문제도 아직 완벽하게 해결되지 않은 상태다.• 이 경우에도 최근의 진전은 딱딱한 규칙 기반의 접근보다 다량의 자료를 바탕으로 확률적인 발화 모델을 학습하는 접근에 의해 이루어졌다.

사람의 발화를 완벽하게 분석하지 못하는 데도 불구하고 일라이자와 패리의 자손들이 성공을 거둘 수 있었던 이유는, 적절한 맥락에서 현실적인 기대치를 가지고 만들어졌을 때 챗봇들도 상당한 설득력을 가질 수 있기 때문이다. 시간을 때우기 위한 잡담••이라든지, 아이들과 대화하는 곰 인형•••과 같은 응용 상품은 중국어 방 패러독스를 해결하지 못한 채로도 얼마든지 개발할 수 있다. 대화의 내용 대부분을 미리 짐작할 수 있는 기술 혹은 서비스 관련 문의 상담(자주 묻는 질문에 답을 해주는 인공 지능) 또한 챗봇 기술의 성공적인 적용 사례에 속한다. 무엇보다 2011년 애플이 음성 인식 기술을 이용해 가상의 개인 비서 시리Siri를 발표한 이후 음성/자연 언어 인식을 바탕으로 한 일라이자와 패리의 후손들은 우리 삶에 그 어느 때보다 깊숙이 들어와 있다.

• 앞서 살펴본 스튜던트와 같은 프로그램이 수학 교과서에 적힌 자연 언어를 처리할 수 있었던 것은 수학 문제를 서술하기 위해 사용된 언어가 매우 딱딱하고 규칙적이기 때문이다. 우리가 일상에서 자연스럽게 사용하는 언어를 분석하는 것은 훨씬 어려운 일이다.

•• 한국에서 2002년 무렵 개발된 챗봇 '심시미'가 그 좋은 예다. http://www.simsimi.com/

••• 아이들과 자연 언어로 대화하는 곰 인형 슈퍼토이SuperToy는 2013년 여름 크라우드 펀딩 사이트인 킥스타터(www.kickstarter.com)에 데뷔해 성공적으로 펀딩을 마쳤다. http://www.supertoyrobotics.com/

누벨 AI 운동의 기수, 로드니 브룩스

로드니 브룩스Rodney Brooks[•]라는 이름은 아마 대부분의 사람들에게 생소할 테지만, 획기적인 인공 지능 이론을 제안한 것은 물론 인공 지능 기술을 일반 가정에서 사용할 수 있는 수준의 제품으로 상용화하는데 성공한 몇 안 되는 연구자 중 한 명이다. 그의 이론이 담긴 제품 중 유명한 것은 2002년 소개된 로봇 청소기 룸바Roomba다. 지금은 여러 회사에서 비슷한 제품을 만들고 있지만 룸바는 상업적으로 대성공을 거둔 최초의 청소 로봇[••]이다.

또한 브룩스는 이른바 누벨 AINouvelle AI(새로운 인공 지능이라는 의미) 운동의 선구자로 꼽힌다. 누벨 AI는 1980년대 말 브룩스가 MIT의 컴퓨터 과학 및 인공 지능 연구소(CSAIL: Computer Science & Artificial Intelligence Laboratory)에 있을 때 시작된 것으로, 중요한 성과는 대략 다음과 같다.

기호 기반 접근 방법의 한계 브룩스는 논문 〈표상 없는 지능Intelligence without Representation〉에서 기호symbol만으로 인공 지능을 만들 수 있다는 가정은 틀렸으며, 실제 세계를 컴퓨터 내부에 기호로 재현 및 저장하는 것은 불가능하다고 보았다. 대신 인공 지능은 실제 세계 내에서 물리적으로 존재/행동하며 세계 자체를 모델로 이용해야 한다고 주장했다(논문 제목에서 '표상'이란 컴퓨터 기억 장치 내에서 실제 세계

• 로드니 브룩스(1954~)는 호주 출신의 로봇 공학자로, 1997~2007년 MIT의 컴퓨터 과학 및 인공 지능 연구소(CSAIL) 소장을 역임했다. 현재 리싱크 로보틱스사를 이끌고 있다.

•• 스웨덴의 일렉트로룩스Electrolux, 영국의 다이슨Dyson이 룸바 이전에 로봇 청소기를 선보인 바 있으나 고가여서 성공을 거두지는 못했다.

스스로 장애물을 피하면서 방 안을 청소하는 룸바의 움직임은 로드니 브룩스가 누벨 AI를 주장하면서 선보인 실험용 로봇과 많이 닮았다.

를 나타내는 기호를 일컫는 말이다). 앞서 살펴본 SHRDLU 2.0 사고 실험을 떠올려 보자. 복잡한 실제 세계를 컴퓨터 내부에 정확하게 재현하기 위해서는 엄청난 양의 데이터가 필요하다. 하지만 브룩스는 이 문제에 대해 다음과 같이 반문한다. "애초에 왜 실제 세계를 재현하려고 하는가? 인공 지능에 감각 기관을 장착한 뒤 일정 시간마다 필요한 정보를 관찰해서 얻으면 되지 않는가?" 실제 세계를 컴퓨터 내부에 재현하는 대신, 컴퓨터로 하여금 물리적인 환경 안에서 실제로 존재하고 행동하도록 하는 것이 지능으로 향하는 실마리라는 것이다. 브룩스는 로봇이 사람과 공존하는 환경에서 일상적인 업무를 처리할 수 있으려면 로봇의 추상적인 인지 능력이 물리적인 감각 및 근육 운동에 기반하고 있어야 한다고 보았다. 모라벡의 패러독스는 고차원적 인지 능력과 저차원적인 감각 및 근육 운동 능력을 철저히 분리해서 생각하기 때문에 일어나는 현상이다. 인지 능력이 감각 및 근육 운동 능력과 엮여 있다면, 고차원적인 지능만을 재현하려고 한 기존의 인공 지능 연구 방향은 크게 잘못된 것이 된다.

발생적emergent 지능 복잡한 행동은 기초적이고 단순한 행동 여러 개가 동시에 상호작용함으로써 발생한다. 이는 브룩스가 '포섭 구조subsumption architecture'라고 부르는 것의 기반이 된다. 예를 들어 로봇에게 (1) 다른 물체와 충돌하면 안 된다, (2) 주어진 목표물을 향해 움직인다는 두 가지 규칙을 준다고 가정해 보자. 두 규칙이 동시에 적용될 경우 그 결과는 로봇이 주어진 목표물을 일정한 거리를 두고 따라가는 행동이 될 것이다. 포섭 구조를 따르는 로봇은 단순한 행동 한 가지만을 맡아 처리하는 제어 회로 여러 개를 동시에 탑재하는 형태로 만들어진다. 이 제어 회로들은 주어진 조건에 따라 다른 회로가 근육(모터)에 명령을 내리는 것을 억제하거나, 다른 회로에 센서로부터의 입력이 전달되는 것을 억압하는 형태로 상호작용을 한다. 그렇게 상호작용의 패턴이 적절하게 학습되면 로봇은 겉보기엔 더 복잡해 보이는 행동을 할 수 있게 된다.

수정된 목표 인공 지능 연구는 처음부터 인간의 지능을 목표로 하기보다 곤충 정도의 수준을 목표로 하는 것이 맞다. 언뜻 생각하기엔 인공 지능 연구의 목표를 뒷걸음질시키는 주장 같지만 꼭 그렇지만은 않다. 〈코끼리는 체스를 두지 않는다Elephants don't play chess〉

라는 논문에서 브룩스는 물고기와 척추동물이 처음 등장한 것이 550만 년 전인데 인류는 고작 250만 년 전에 지금의 형태로 등장해 1만 9000여 년 전에 농경을 시작했으며, 더구나 문자를 사용한 것은 겨우 5000년 전임을 지적했다. 그는 "일단 생존 및 (주변 환경에 대한) 반응 기제가 해결되고 나면 문제 해결 능력, 언어, 전문 지식 및 그 활용, 그리고 이성 등은 상대적으로 간단한 문제"라고 주장한다.

누벨 AI가 목표로 하는 곤충 지능의 재현은 곤충의 이성적 능력만을 재현하는 것이 아니라(별로 재현할 것이 없을지도 모른다), 곤충의 신체적 움직임까지를 포함하는 총체적 재현을 뜻한다. 실제 브룩스가 만든 로봇 중 하나인 스쿼트Squirt는 어두운 곳에 숨어 있다가, 소리가 나면 잠시 후 소리가 난 쪽으로 이동한 뒤 다시 어두운 구석을 찾아 숨는 것이 기능의 전부다. 이렇게 설명하면 어느 정도 고차원적인 행동인 것 같지만 이 로봇 또한 포섭 구조를 이용하기 때문에 각각의 단위 행동은 매우 간단하다. 또 다른 로봇 앨런Allen은 지나가는 사람들과 부딪히지 않으면서 MIT의 복도를 이리저리 돌아다니는 것이 주 기능이었다. 앨런은 룸바의 직계 선조라 할 만하다. 혼자 집을 청소하려면 가구들과 부딪히지 않으면서 최대한 많은 면적을 탐험해야 하기 때문이다. 룸바를 만든 아이로봇iRobot사는 브룩스가 MIT에 있을 때 만든 스타트업 회사였다.

고차원 대 저차원

브룩스에 따르면 추상적이고 고차원적인 뇌 활동도 그 근본은 보고 듣고 걷고 만지는 물리적 감각 및 운동에 있다. 두 층위 사이의 상호작용이 정확히 어떻게 일어나는지 이해하는 것은 쉽지 않을 수도 있지만, 얼마 전 어렴풋이 그 실마리가 아닐까 싶은 경험을 했다. 이 책의 원고를 마감할 무렵 17개월짜리 우리 아이는 말할 줄 아는 단어의 숫자가 점점 늘어가고 있었다. 아이가 반복해서 사용할 줄 아는 단어 중에 추상적인 의미를 가진 단어는 딱 하나였다. '우짜' 그러니까 의성어 '읏샤'의 변형된 형태였다. 아이에게 '우짜'는 단순한 의성어가 아니라 힘을 써야 하는 행동 모두를 가리키는 범주적 단어, 다시 말해서 추상적인 개념이었다. 처음에는 아빠의 손을 잡고 계단을 오르내릴 때 내가 "읏샤"라는 의성어를 먼저 사용했다. 조금 지나서는 계단을 오르내릴 때 아이가 혼자 "우짜"라고 말하기 시작했다. 그다음에는 흥미롭게도 계단 자체를 가리키면서 "우짜"라고 부르기 시작했다. 시간이 조금 더 지나자 무거운 여행 가방을 밀면서도 "우짜," 식탁 의자를 밀면서도 "우짜"를 말했다. 결국엔 다른 사람이 무거운 물건을 들고 가는 것을 "우짜"라고 지칭하는 것은 물론, 승강기가 없는 지하철역에서 아빠와 엄마가 자기를 태운 채로 유모차를 들고 계단을 올라가는 동안에도 "우짜"라고 추임새를 넣게 되었다. 처음에 단어와 계단을 연결시킨 것은 앞서 소개한 헵 이론으로 설명할 수 있겠으나 이후에 단어의 의미가 확장되는 과정은 논리적 추론이라기보다는 신체적 경

로드니 브룩스의 리싱크 로보틱스에서 만든 두 팔을 가진 공업용 로봇 백스터. 사진의 맨 오른쪽에 있는 사람이 브룩스이다.

험의 유사성을 바탕으로 한 것이라고 생각된다. 무거운 물건을 들거나 미는 행위에 '힘이 든다'는 공통의 속성이 있다는 것을 깨닫는 데는 역학 방정식을 푸는 것보다 직접 몸으로 공통점을 경험하는 편이 훨씬 빠른 것이다.

브룩스는 2008년 MIT를 떠나 지금은 리싱크 로보틱스Rethink Robotics라는 회사를 이끌고 있다. 이 회사가 2012년 공개한 로봇 백스터Baxter는 두 팔을 가진 공업용 로봇이다. 대부분의 공업용 로봇은 공장의 생산 라인 어딘가에서 한 가지 작업만을 반복적으로 수행하도록 만들어진다. 반면 백스터는 사람이 가르쳐 준 어떤 일이든지 익혀서

할 수 있다. 백스터에게 새로운 작업을 가르치는 방법은 복잡한 프로그래밍이 아니다. 그저 백스터의 양 팔을 잡고 원하는 동작을 직접 보여 주기만 하면 된다. 신체를 통한 지능적 행동이라는 브룩스의 원칙이 실용적인 가치로 연결된 또 다른 예이다.

인공 지능과 겨룬 게리 카스파로프

게리 카스파로프는 1985~1993년 체스 세계 챔피언이었던 러시아의 그랜드마스터•다. 하지만 그의 이름을 기억하는 사람들은 카스파로프의 체스 실력 때문이 아닌 다른 이유에서 기억하는 것일 확률이 높다. 카스파로프는 1997년 IBM의 체스 컴퓨터 딥 블루와의 대국에서 1승 3무 2패로 패배했다. 제대로 된 게임에서 컴퓨터에게 패배한 첫 번째 세계 챔피언이었던 만큼 기념비적인 사건이었다.

딱히 인공 지능을 연구하는 학자가 아닌데도 카스파로프를 다루는 것은 인류 최고로 인정받은 체스 실력을 가지고 컴퓨터와 겨뤄 봤다는 점에서 그 어떤 인공 지능 연구자도 쉽게 겪을 수 없는 경험을 한 사람이기 때문이다. 그는 패배의 경험을 실패로 받아들이는 대신, 인간과 컴퓨터가 어떻게 협업할 수 있으며 인공 지능의 발전 방향은 어떠해야 하는지에 대한 통찰로 승화시켰다. 우선 간략하게 인간과 컴퓨터가 체스로 겨룬 역사를 살펴보자.

• 그랜드마스터는 국제 체스 연맹에서 선수의 성적에 따라 부여하는 종신 칭호로, 체스 선수가 공식적으로 얻을 수 있는 최고의 직함이다.

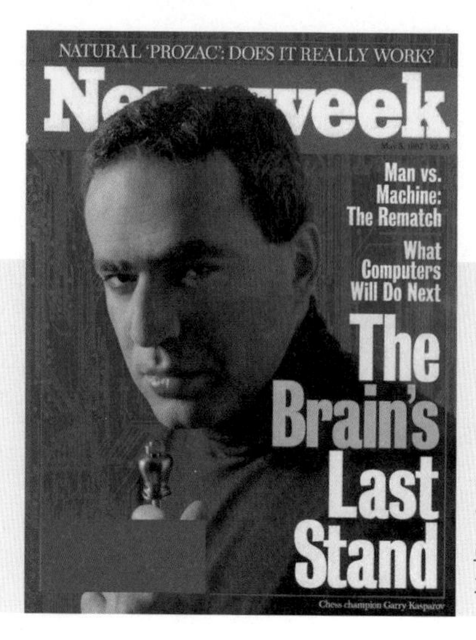

"두뇌 최후의 보루." 1997년 5월 카스파로프와 딥 블루 간의 대국을 앞두고 관련 기사가 실린 〈뉴스위크〉 표지.

컴퓨터 대 인간: 체스 대국의 역사

컴퓨터와 인간이 벌인 체스 대국의 역사는 카스파로프 훨씬 이전으로 거슬러 올라간다. 튜링이 체스 알고리즘을 종이에 적어 직접 실행한 이래, 체스는 컴퓨터의 지능을 시험하는 흔한 잣대 중 하나였다. 이미 1956년에 미국 로스앨러모스 국립 연구소Los Alamos National Laboratory• 가 보유한 초기 컴퓨터 MANIAC(Mathematical Analyzer, Numerical Integrator, and Computer or Mathematical Analyzer, Numerator, Integrator, and Computer)이 6 × 6 게임판에서 비숍 없이 두는 간략화된 체스 규칙을 이용해 인간에게 승리를 거둔 바 있다. 1967년에는 MIT의 인공 지능 연구자들이 개발한 컴퓨터 체스 프로그램 Mac Hack VI와 당시 MIT 철학과 교수 휴

• 미국 뉴멕시코 주 사막 지대에 위치한 이 연구소는 로버트 오펜하이머가 이끄는 원자 폭탄 개발 계획인 맨해튼 프로젝트가 진행되었던 곳이기도 하다.

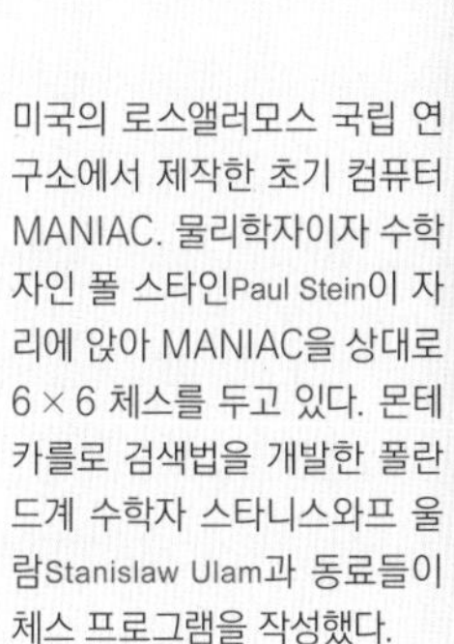
미국의 로스앨러모스 국립 연구소에서 제작한 초기 컴퓨터 MANIAC. 물리학자이자 수학자인 폴 스타인Paul Stein이 자리에 앉아 MANIAC을 상대로 6×6 체스를 두고 있다. 몬테카를로 검색법을 개발한 폴란드계 수학자 스타니스와프 울람Stanislaw Ulam과 동료들이 체스 프로그램을 작성했다.

버트 드레이퍼스Hubert Dreyfus• 사이의 대국을 주최했다. 드레이퍼스는 논문 〈연금술과 인공 지능Alchemy and AI〉(1965)에서 컴퓨터는 체스 경기에서 열 살짜리 어린이를 이기는 것도 불가능할 것이라고 선언한 터였다. Mac Hack VI는 고작 16킬로바이트의 메모리를 가진 PDP-6 컴퓨터에서 실행되는 프로그램이었지만, 드레이퍼스에게 극적인 승리를 거둔다. 물론 로스앨러모스와 MIT에서의 승리는 프로 체스 기사가 아닌 일반인을 상대로 한 것임을 기억해 둘 필요가 있다.

1970~1980년대에도 대국은 계속되었지만, 컴퓨터가 과연 프로 체스 기사를 이길 수 있을지는 불분명해 보였다. 1989~1995년까지 하버드 대학에서 여섯 번 개최한 하버드컵의 승리는 모두 인간에게 돌아갔다. 인공 지능에게 희망(?)을 준 첫 번째 프로그램은 카네기 멜

• 휴버트 드레이퍼스(1929~)는 현상학과 실존주의 철학을 바탕으로 한 인공 지능 관련 연구로 유명하다. 미국의 현존하는 철학자 가운데 가장 영향력 있는 인물 중 한 명으로 꼽히며 특히 하이데거의 철학에 대한 해석이 탁월하다.

론 대학에서 개발한 딥 쏘트Deep Thought● 였다. 1988년에 전 세계 챔피언(1960~1961) 미하일 탈Mikhail Tal과 덴마크 그랜드마스터 벤트 라르센Bent Larsen에게 승리를 거둔 것이다. 하지만 일반인보다는 뛰어난 선수들을 물리쳤음에도 불구하고 아직 세계 챔피언 수준의 경기와는 거리가 멀었다. 1989년에 딥 쏘트와 가진 두 번의 대국 모두 카스파로프가 일방적인 승리를 거뒀기 때문이다.

IBM의 체스 컴퓨터 딥 블루는 사실상 딥 쏘트의 버전 2.0이었다. IBM이 딥 쏘트를 개발한 카네기 멜론 대학의 팀을 통째로 고용했기 때문이다. IBM은 카스파로프와의 대국을 준비하기 위해 미국의 그랜드마스터 조엘 벤저민Joel Benjamin과 계약을 맺어 오프닝 전략을 다듬는 한편, 인공 지능들끼리 체스 실력을 겨루는 세계 컴퓨터 체스 대회에 딥 블루의 프로토타입을 출전시켜 기량을 시험하기 시작했다(딥 블루 프로토타입은 1995년 대회에서 공동 2위를 차지한다).

1996년 2월 10일, 딥 블루는 최초로 인간 세계 챔피언 카스파로프를 상대로 체스 게임을 이긴 인공 지능 프로그램이 됐다. 하지만 6게임을 두고 승점으로 승패를 가리는 체스 규칙에 따라 전체 경기가 끝난 2월 17일 최종 승자는 3승 2무 1패를 기록한 카스파로프였다. 매 게임 사이에 IBM의 엔지니어와 다른 그랜드마스터들이 딥 블루의 소프트웨어에 수정을 가했음에도 불구하고 나온 결과였다.

1996년의 패배 이후, IBM은 딥 블루의 연산 능력을 현저하게 향상시켰다. 1년 뒤인 1997년 5월에 벌어진 재경기에서 카스파로프와

● 더글러스 애덤스의 SF 시리즈 《은하수를 여행하는 히치하이커를 위한 안내서The Hichhiker's Guide to the Galaxy》에 나오는 슈퍼컴퓨터 이름에서 따왔다. 이후 딥 쏘트는 딥 블루, 딥 프리츠 등의 이름에도 영향을 준다.

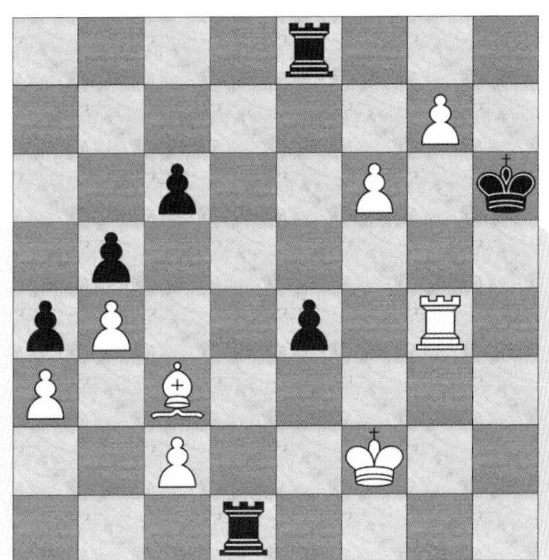

1997년 5월에 벌어진 딥 블루 대 카스파로프 대국 첫 경기가 끝난 뒤 체스판 상황. 딥 블루(흑)는 44번째 수로 경기를 포기한 듯한 의미 없는 수를 던졌고 45번째 수를 두는 대신 기권했다. 카스파로프는 승리했음에도 불구하고 컴퓨터가 자살에 가까운 수를 뒀다는 것을 이해할 수 없었다.

딥 블루는 첫 번째와 두 번째 게임을 각각 이겼다. 다음 세 게임은 무승부였다. 그리고 마지막 여섯 번째 게임을 딥 블루가 이김으로써 최종 승자는 인공 지능이 되었다. 패배 직후 카스파로프는 게임 도중 가끔 우월한 지능과 창의성을 느꼈다면서, 인간이 개입한 것이 아니냐는 의혹을 제기했다. 하지만 IBM은 부인하였고, 재경기를 원하는 카스파로프의 요구를 묵살하고 딥 블루를 분해해 버렸다. 회사 입장에서 얻을 수 있는 최상의 홍보 효과를 이미 얻은 터에 굳이 위험 부담을 안은 채 경기를 계속할 이유가 없었다.

대국 이후 카스파로프는 (딥 블루의) '우월한 지능'의 증거로 자신이 이긴 첫 번째 게임과 딥 블루가 이긴 두 번째 게임에서 각각 딥 블루가 둔 한 수를 지목했다. 첫 번째 경기의 말미에서 딥 블루는 마치

승부를 포기한 사람처럼 아무 의미 없어 보이는 수를 두었다. 어떻게든 이기는 수를 찾도록 개발된 컴퓨터라고 믿기 어려운 수였다. 반면에 두 번째 경기에서 딥 블루는 바로 잡을 수 있는 말을 잡는 대신 미래를 대비하는 전략적인 수를 두었다. 미국의 그랜드마스터인 야세르 세이라완Yasser Seirawan에 따르면 이 한 수는 '극도로 정제된 한 수'로 아직 유리한 상황에서 미리 방어를 함으로써 뒤에 공격받을 여지를 차단하는 전략적인 움직임이었다. 카스파로프는 게임에서 이겼음에도 불구하고 딥 블루가 보여 준 전략적 능력에 크게 흔들렸고, 이것이 두 번째 게임에서의 패배로 연결된다. 두 번째 게임을 무승부로 이끌 수 있는 길이 있었음에도 불구하고 기권하고 말았기 때문이다. 길게 봐서는 이 심적인 동요 때문에 전체 대국에서 패했다고도 할 수 있다.

카스파로프와 딥 블루의 대국과 관련된 가장 극적인 반전이자, 인간과 컴퓨터 프로그램의 차이를 가장 극명하게 보여 주는 일화는 패배로부터 15년이 지난 뒤에야 밝혀졌다. 2012년 〈뉴욕 타임스〉의 네이트 실버Nate Silver 기자가 당시 IBM의 컴퓨터 과학자였던 머레이 캠벨Murray Campbell을 인터뷰했을 때 놀라운 사실이 밝혀졌다. 딥 블루의 첫 번째 게임 44번 수는 프로그램 오류였다는 것이다. 캠벨에 따르면 딥 블루는 자신이 둘 수를 선택할 수가 없었고, 따라서 무작위로 골랐다고 한다. IBM 엔지니어들은 이후에 이 오류를 수정했다. 하지만 딥 블루가 둔 뜻밖의 한 수에 흔들린 카스파로프의 심리 상태를 고쳐 줄 수 있는 사람은 아무도 없었다. 카스파로프가 자신이 본 것을 프로그램 오류라고 생각했을 리는 없으니, 그가 겪은 것은 그야말로 짓궂은

'일라이자 효과'라고 할 수밖에 없다.

인간 챔피언을 물리친 뒤에도 인공 지능 체스 프로그램의 개발은 계속되었다. 2000년대 초반에는 딥 블루처럼 체스만을 두기 위해 설계된 특수한 컴퓨터가 아닌, 일반 컴퓨터에서 실행 가능한 인공 지능 체스 프로그램들이 인간과의 대국에서 비기는 수준에 도달한다. 2005년에는 인텔 제온Xeon CPU 두 대를 장착한 PC에서 실행되는 프로그램 딥 프리츠Deep Fritz가 당시 세계 챔피언이던 러시아의 블라디미르 크램니크Vladimir Kramnik에게 4 대 2로 승리를 거둔다. 이 경기 이후 인공 지능이 체스에서 인간을 능가했다는 사실을 의심하는 이는 별로 없었다.

컴퓨터는 어떻게 체스를 두는가

컴퓨터가 체스를 두는 방법은 무엇일까? 물론 사람처럼 규칙부터 배워 가면서 체스를 두는 것은 아니다. 컴퓨터는 주어진 게임판의 상황에서 가능한 모든 수를 두어 보고, 평가 함수evaluation function를 이용해서 해당 수를 둔 결과 얻어지는 새로운 게임판의 상황이 자기에게 얼마나 유리한지를 계산해 점수를 부여한다. 그런 다음 자기에게 가장 유리한 점수를 줄 한 수를 골라서 두는 것이다. 이 과정에서 단지 한 수 앞만을 계산하는 것보다 여러 수를 가정해서 내다보는 것이 당연히 더 유리하다. 문제는 여러 수 앞을 내다보려 할수록 고려해야 하는 상황의 개수가 급속히 늘어난다는 점이다.

1967년의 Mac Hack VI는 1초에 10개 정도의 상황을 고려할 수 있었다. 카스파로프를 이긴 딥 블루는 일반적으로는 6~8수 앞을 내다봤지만 상황에 따라 20수 앞까지 계산할 수도 있었고, 1초에 200만 개의 서로 다른 게임판 상황을 계산할 수 있었다. 2005년의 딥 프리츠는 1초에 800만 개의 상황을 계산했다. 컴퓨터는 빠른 연산 능력뿐 아니라 오류가 없는 기억 능력 또한 사용한다. 딥 블루는 예외적인 상황을 인식해서 특수한 점수를 부여할 수 있도록 매우 복잡하게 작성된 평가 함수를 이용했을 뿐 아니라, 4000개의 오프닝 상황, 그리고 그랜드마스터 레벨에서 치러진 70만여 개의 대국 기록을 기억해 계산에 이용했다. 이쯤 되면 카스파로프가 딥 블루에게 졌다는 게 별로 놀랍지 않다는 생각이 들 정도다. 오히려 한 게임이라도 이겼다는 게 놀라운 일이 아닐까?

1초에 800만 개의 게임판 상황을 분석하는 것이 가능하다면 체스 경기를 '풀어 버리는' 것도 가능할까? 풀어 버린다는 것은 두 상대 모두 최선의 수를 둔다고 가정할 때 오직 무승부만이 가능하게 된다는 뜻이다. 승패는 오직 상대가 실수를 하는 순간 결정된다. 불행인지 다행인지, 인공 지능 체스 프로그램들은 사람을 이기기에 충분할 만큼 여러 수 앞을 내다볼 수는 있지만 체스를 풀어 버리지는 못한다. 규칙에 따라 가능한 게임의 수가 10의 120승에 달하기 때문이다. 이는 관측 가능한 우주 내에 존재하는 원자의 개수 10^{80}보다 훨씬 큰 숫자로, 1초에 800만 개의 상황을 분석하는 정도로는 영겁의 세월이 걸릴 만큼 엄청나게 많은 게임이 존재하는 것이다. 반면 체스보다 훨씬 더 규모가 작은 게임 체커checkers의 경우에는 캐나다 앨버타 대학의 인공 지능 연구자 조너선 섀퍼Jonathan Schaeffer가 개발한 프로그램 치누크Chinook가 이미 풀어 버렸다. 사람이 치누크를 상대로 바랄 수 있는 최상의 결과는 무승부뿐이다.

바둑은 어떨까? 19 × 19의 게임판에 번갈아 돌을 내려놓는 바둑에서 가능한 게임의 숫자는, 8 × 8의 게임판에 이미 놓인 말을 주어진 규칙에 따라 움직이는 체스와 비교도 할 수 없이 많다. 가능한 바둑 게임의 정확한 가짓수는 계산하는 것조차 어려운 일이지만, 이론적으로 가능한 모든 게임이 아니라 400수 정도 내외로 끝나는 현실적인 게임의 개수만 해도 10^{800} 정도로 추산된다. 이 엄청난 가짓수는 인공 지능이 체스처럼 여러 수 앞을 내다보며 바둑판 위의 상황을 평가하는 것을 불가능하게 만든다. 계산해야 하는 경우의 수가 너무 많기 때문이다. 이 근본적인 규모의 차이가 인공 지능 바둑의 한계를 결정짓는 것처럼 보였다.

그런 인공 지능 바둑에 서광이 비친 것은 21세기 들어서였는데, 몬테카를로 검색법Monte Carlo method이라는 전혀 새로운 접근 방법을 통해서였다. 몬테카를로 검색법은 주어진 한 수를 평가하기 위해 그 수로부터 비롯되는 모든 가능성을 검토하는 대신, 무작위로 선택한 샘플만을 검토한다. 몬테카를로 검색법의 핵심은 샘플 크기가 늘어남에 따라 샘플만 가지고 계산한 결과가 올바를 확률이 점차 증가한다는 점이다. 최근 급격히 성장한 인공 지능 바둑 프로그램들은 바둑판 위에 펼쳐질 수 있는 수많은 가능성 중 무작위로 일부만 검토해도 주어진 한 수의 가치를 확률적으로 계산할 수 있다는 이론을 바탕으로 만들어진 것이다. 2013년에는 일본의 요지 오지마Yoji Ojima가 개발한 프로그램 젠Zen이 아마추어 9단인 타쿠모 오오모테Takumo Ooomote에게 3점 접바둑으로 승리를 거뒀다. 물론 아직도 프로 기사들의 실력과는 상당한 격차가 있지만 2000년 이전의 바둑 프로그램들에 비하면 괄목상대한 것이다.

인간과 체스 프로그램이 팀을 이루다

자신에게 역사적인 패배를 안긴 컴퓨터 프로그램을 미워할 수도 있었겠지만, 카스파로프는 딥 블루와의 대국 이후 컴퓨터와 인간이 함께 두는 체스를 고안한다. '고급 체스Advanced Chess'라고 이름 붙인 이 경기는 인간과 체스 프로그램이 팀을 이루어 참가하는 형태의 체스이다. 〈체스 마스터와 컴퓨터The Chess Master and the Computer〉라는 에세이• 에서 카스파로프는 전 세계 챔피언과의 고급 체스 경기를 다음과 같이 묘사한다.

> 각각의 선수는 자신이 선택한 체스 소프트웨어를 실행하는 컴퓨터를 1대씩 사용해서 게임에 임했다. 목표는 인간과 기계의 능력을

• 원래 이 에세이는 〈뉴욕 북 리뷰The New York Review of Book〉에 디에고 라스킨거트먼Diego Rasskin-Gutman이라는 작가가 쓴 《체스의 비유: 인공 지능과 인간의 지능Chess Metaphors: Artificial Intelligence and the Human Mind》이라는 책의 서평으로 기고한 것이다.

조합해서 지금껏 아무도 본 적 없는 최고 수준의 체스 경기를 펼쳐 보는 것이었다.

이 특이한 경기 형태에 나름 준비를 했음에도 불구하고, 최근까지 세계 1위였던 불가리아 출신 베셀린 토팔로프Veselin Topalov와의 대국은 이상한 느낌으로 가득 차 있었다. 게임 도중 컴퓨터 프로그램을 사용할 수 있다는 점은 흥미진진하기도 했지만 동시에 불편하기도 했다. 수백만 개의 기보를 순식간에 검색할 수 있었기 때문에, 이미 모든 경우의 수가 잘 정리되어 있는 게임의 오프닝을 위해 보통의 게임 때만큼 기억력을 쥐어짤 필요는 없었다. 하지만 우리 둘 다 같은 데이터베이스를 사용하고 있었기 때문에, 경기력의 우위는 여전히 누가 언제 새로운 아이디어를 생각해 내느냐에 달려 있었다.

컴퓨터 파트너가 있어서 좋았던 점 또 하나는 결코 전술적인 실수에 대한 걱정을 할 필요가 없었다는 것이다. 컴퓨터는 우리가 검토한 모든 수에 대해서 우리가 깜빡 놓쳤을지도 모르는 가능한 결과와 상대방의 응수를 보여 줬다. 일단 이런 걱정을 덜고 나니까, 우리는 둘 다 전술적 계산에 시간을 소모하는 대신 전략적 차원을 생각하는 데 몰두할 수 있었다. 이런 조건 아래서는 인간의 창의력이 그 무엇보다 중요했다. ”

카스파로프는 사람과 인공 지능이 어떻게 협력하는 것이 좋은 모델인가 하는 문제를 넘어서, 컴퓨터와 인공 지능을 이용하는 것이 사람에게 어떤 영향을 끼칠 수 있는지도 체스의 관점에서 분석한다. 그에 따르면 수백만 게임의 복기 데이터베이스와 강력한 수준의 인공 지능 연습 상대 덕분에 어려서부터 고난도의 훈련을 하는 것이 가능해졌고, 그 결과 그랜드마스터의 평균 연령이 점점 낮아지고 있다는 것이다. 2002년에 세계 체스 챔피언 타이틀을 획득한 선수는 우크라이나의 세르게이 카르야킨Sergey Karjakin이었는데, 겨우 열두 살이었다. 또 한 가지 흥미로운 분석은 체스 선수들이 훈련을 위해 컴퓨터를 이용하면 이용할수록 점점 사람이 아닌 기계같이 체스를 두게 되더라는 것이다. 카스파로프는 앞의 에세이를 통해 이렇게 말한다.

> "컴퓨터를 통한 경기 분석이 널리 이용되면서 체스 경기 자체가 새로운 방향으로 발전해 나가기 시작했다. 기계는 스타일, 패턴, 그리고 지난 수백 년간 누적된 이론을 깡그리 무시한다. 단지 각 말에 가치를 매기고, 수십억 개의 수를 가정한 다음 다시 한 번 말의 가치를 계산하는 작업을 반복할 뿐이다(컴퓨터는 각각의 체스 말이 가지는 잠재력을 숫자로 변환함으로써 체스 경기를 숫자놀음으로 치환한다). 컴퓨터는 어떤 편견이나 교리에도 얽매이지 않는데, 따라서 이런 컴퓨터를 통해 체스를 연습한 선수들 역시 이러한 편견이나 교리로부터 거의 자유롭다. 체스의 한 수에 대해 어떤 스타일로 보이기 때문에 좋다든가 이전에 한 번도 누가 그렇게 둔 적이 없기 때문에 나쁘다든가 하는 식의 평가는 점점 사라지고 있다. 효과적인 한 수이면 좋고, 그렇지 않으면 나쁘다. 체스 경기에는 여전히 직관과 논리가 필요하지만, 오늘날 인간은 오히려 기계가 두듯이 체스를 두기 시작했다."

카스파로프는 컴퓨터의 우월한 연산 능력을 이용해 억지brute-force 계산으로 체스를 두는 체스 연구의 방향에 아쉬움을 표한다. 주류 인공 지능 체스 프로그램에 대한 그의 비판적인 시각은 주류 인공 지능 연구에 대한 더글러스 호프스태터Douglas Hofstadter[•]의 불신과 묘하게 닮은 구석이 있다. 컴퓨터가 카스파로프를 이긴 것은 사실이지만, 컴퓨터는 정말 체스를 이해하는가라고 묻는다면 아니라고 할 수밖에 없다. 우선 게임판 위의 판세를 분석하는 평가 함수부터가 사람이 쓴 것이지 컴퓨터가 직접 배운 것이 아니기 때문이다. 그런 의미에서 카스파로프가 제안한 인간과 컴퓨터가 힘을 합쳐 두는 체스는 분명 매력적인 생각이다. 어쩌면 가장 가치 있는 인공 지능 연구의 목표는 사람을 대체할 수 있는 지능이 아니라 사람을 가장 잘 보완할 수 있는 지능이어야 하지 않을까?

• 더글러스 호프스태터(1945~)는 미국의 인지과학자이자 인공 지능 연구자이다. 저서 《괴델, 에셔, 바흐: 영원한 황금 노끈Gödel, Escher, Bach: An Eternal Golden》으로 퓰리처상을 수상했다.

인간과 기계의 융합

게리 카스파로프가 묘사한 인간과 컴퓨터의 협업이라는 개념을 극단적으로 확장해 보면 사이보그Cyborg를 만나게 된다. 사이보그는 인공 두뇌 생명체Cybernetic Organization의 줄임말인데 기계적인 부품을 사용해 향상된 능력을 갖게 된 존재를 일컫는다. 과거 TV에 방영되어 폭발적인 인기를 끌었던 드라마 속 주인공인 '육백만 불의 사나이'나 '제이미 소머즈'*는 신체 안에 장착한 기계의 힘을 빌려 초인적인 감각과 힘을 자랑하는 사이보그들이다. 신체와 기계가 하나로 통합된 형태라는 점에서 사이보그는 단순히 인간이 컴퓨터를 이용하는 형태로 협력하는 것을 뛰어넘은 존재이다.

인간과 기계의 융합이라고 해서 너무 거창한 것만 생각할 필요는 없다. 미국의 과학사학자 도나 해러웨이Donna Haraway 같은 학자는 심장박동기와 같은 의학 기구를 장착한 사람도 넓은 의미에서 이미 사이보그의 초기 단계라고 주장한다. 이렇게 보면 동력 강화 외골격Powered Exo-skeleton, 즉 기계를 이용해서 착용한 사람의 물리적인 힘을 증폭시켜 주는 강화복도 입는 사람을 사이보그로 만들어 준다고 할 수 있다. 이미 미군은 90kg 정도의 무게를 짊어지고 이동할 수 있게 해주는 하반신 강화 외골격을 시험하고 있으며, 국내의 경우 대우조선해양연구소에서도 작업에 활용할 용도로 30kg의 무게를 가볍게 들 수 있게 해주는 작업용 강화복을 개발해서 공개한 바 있다. 장애로 거동이 불편한 이들을 돕는 강화복의 연구도 활발하게 진행 중이다.

현실 속의 사이보그는 단순히 몸 밖에 뭔가를 착용하는 데서 그치는 것일까? 이제 육백만 불의 사나이처럼 기계를 몸 안에 내장한 사이보그는 결코 상상 속의 존재가 아니다. 2002년 미국의 의학자 윌리엄 도벨William Dobelle은 후천적으로 시각을 잃은 환자 옌스 나우먼Jens Naumann의 시신경과 카메라를 연결해 시력을 회복시킨 데에 성공했다. 회복된 시력이 완벽하지는 않았지만, 나우만은 주차장에서 느린 속도로 운전을 할 수 있을 정도로 사물을 분간할 수 있었다. 하지만 뇌와 컴

퓨터를 직접 연결하는 기술에는 뇌가 삽입된 전극을 이물질로 받아들여 거부할 수 있다는 한계가 있었다. 불행히도 도벨이 2004년 사망한 뒤 나우만은 다시 시력을 잃고 말았다.

뇌의 거부 반응을 막으려면 뇌세포와 기계를 직접 연결하는 대신 외부에서 뇌의 활동을 감지해야 한다. 놀랍게도 의학적인 진단을 위해 널리 이용하는 MRI(자기 공명 영상) 촬영 기술만을 이용해서 간단한 게임을 하는 것도 가능하다는 연구 결과가 나와 있다. MRI는 자기 공명이라는 물리적 현상을 이용해서 뇌 내부의 사진을 찍는 기술이다. 당연히 뇌 안에 전극을 직접 연결하거나 하는 일은 없다. 하지만 촬영한 뇌 혈류의 영상이 특정한 방식으로 변할 때마다 게임에서 특정 물체가 움직이게 한 뒤 이를 피실험자에게 알려주면, 촬영된 영상에 집중하면서 의식적으로 혈류에 변화를 가할 수 있었다는 것이다. 그 결과 피실험자는 주어진 물체를 원하는 방향으로 움직일 수 있게 된다. 이런 식으로 뇌파나 그 밖의 신호를 이용해 의족이나 휠체어를 조종하는 뇌-컴퓨터 간 연결은 지금도 꾸준히 연구되고 있다. 육체적 능력이 아니라 계산이나 추론 같은 지능적 활동에 컴퓨터를 결합할 때 어떤 결과가 나올지 상상해 보는 것은 흥미진진하면서도 조금은 두려운 일이다.

● 미국의 TV 드라마 시리즈인 〈육백만 불의 사나이The Six Million Dollar Man〉(1974~1978)는 1976년 국내에서 방영되어 선풍적인 인기를 끌었다. 우주 비행사인 주인공은 비행 사고로 양쪽 다리, 한쪽 팔, 한쪽 눈을 잃게 되자 이를 기계로 대체하는 최첨단 생체 공학 수술을 받는다. 이 결과 초인적인 능력을 가진 바이오닉 인간으로 다시 태어난다. 주인공의 수술에 든 비용이 600만 달러여서 제목이 '600만 불의 사나이'라고 붙여졌다. 이후 자매편 격에 해당하는 〈소머즈The Bionic Woman〉(1976~1978)도 방영되어 역시 큰 인기를 끌었다. 소머즈의 경우는 한쪽 귀, 한쪽 팔, 두 다리 등을 생체 공학 수술을 받는다. 당시로서는 생소한 생체 공학을 이용해 회생이 불가능한 신체를 (기계로) 복원할 뿐만 아니라 초인적인 능력을 갖게 해 상당한 인기를 누렸다.

심화 학습 알고리즘의 눈부신 성장과 함께 강한 인공 지능의 도래에 대한 희망이 다시 살아나기 시작했다. 하지만 인공 지능의 미래를 섣불리 점치는 것은 덧없는 일이다. 단지 그 방향을 알 수 없기 때문이 아니라, 미래의 인공 지능이 어떤 모습일지를 결정하는 것은 바로 우리들이기 때문이다. 우리가 인공 지능에게 원하는 것은 과연 무엇인가?

➡ 컴퓨터 하드웨어의 비약적인 발전과 인터넷이라는 '데이터의 보고'가 등장하면서 스스로 학습을 할 수 있는 '지능의 맹아' 단계까지 다다랐다. 사진은 인텔 4세대 중앙 처리 장치(CPU)의 내부.

5 전시실

인공 지능의 미래

5 전시실

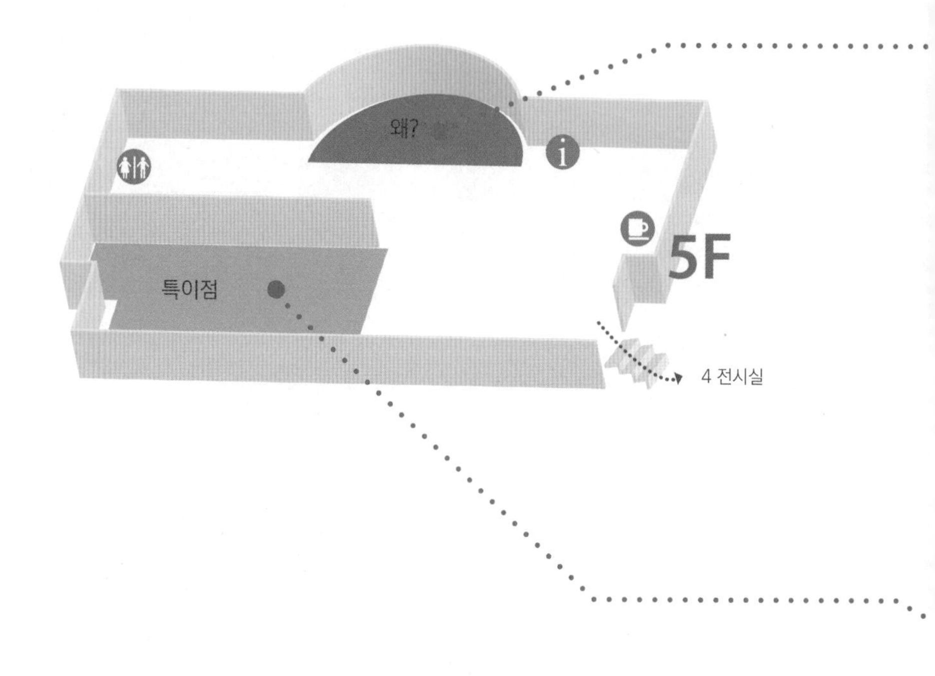

심화 학습 이론의 눈부신 성장에 고무된 첨단 기술 기업들은 앞다투어 인공 지능 연구에 과감한 투자를 재개하고 있다. 하지만 인공 지능 연구의 붐이 일었을 때마다 암흑기가 뒤따랐던 것을 돌이켜보면, 지금이야말로 우리가 인공 지능을 통해 원하는 것이 무엇인지 근본적으로 되돌아볼 때다. 여러분은 인간처럼 생각할 수 있는 기계의 출현을 진정 바라고 있는가?

왜?

인공 지능을 연구하는 이유는 무엇일까? 우리는 정말 기계가 사람처럼 생각하기를 바라는 것일까? 기술적인 호기심을 넘어서 윤리적인 문제는 없을까?

특이점

심화 학습 알고리즘 연구자들은 드디어 강한 인공 지능을 구현할 수 있는 기술이 등장했다는 전망을 조심스레 내놓고 있다. 덩달아 미래학자들은 기계가 인간의 지적 능력을 추월하는 사건, 이른바 특이점에 대한 경고를 다시 내놓기 시작했다. 과연 인류의 미래는 영화 〈터미네이터〉를 닮게 될까?

> 인공 지능이 개발되면 인간이 열등감을 느낄 것이라고 우려하는 사람들이 있다. 하지만 온전한 정신을 가진 인간이라면 꽃 한 송이를 쳐다볼 때마다 열등감을 느낄 것이다.

앨런 케이(미국의 컴퓨터 과학자)

왜 인공 지능을 연구하는가

강한 인공 지능 연구는 그야말로 인간의 지능을 똑같이 복제한다는 원대한 목표로 시작했지만 근본적인 벽에 부딪힌 상황이다. 반면 약한 인공 지능 연구는 실용적인 성과를 내놓았음에도 본질적으로 반복 계산을 통한 통계적 관찰에 지나지 않아 조금 시시해 보인다. 최근 성과들은 대부분 강한 인공 지능을 목표로 한다기보다는 지능의 특정한 면에 집중해 실질적인 결과를 내놓을 수 있는 분야에서 나오고 있다. 엄청난 연구비를 투자하는 입장에서는 인간의 지능을 복제할 수 있는가 하는 단순한 호기심—물론 인류의 역사를 관통하는 진지하고 근본적인 호기심이긴 하지만—을 만족시키는 연구보다 당장 써먹을 수 있는 결과물을 선호하기 마련이다. 어떤 연구 방향이 옳고 그른지를 따지기 전에 한걸음 물러나서 생각해 보자.

나의 동료인 런던 유니버시티 칼리지의 마크 하먼 교수는 언젠가 영국인 특유의 건조한 장난기를 담아 "인공 지능을 왜 만들어야 하지? 지구상에 자연 지능(인간)이 70억 개나 있는데 대부분은 별다른 일을 안 하고 놀고 있잖아"라고 농담한 적이 있다. 우스갯소리지만 우리가 인공 지능 연구에 바라는 것이 무엇인지 돌이켜 보게 하는 질문이다. 인공 지능을 연구하는 이유는 대체 뭘까?

인간을 대체하다

인간과 구별이 불가능한, 혹은 인간을 넘어서는 인공 지능, 즉 강한 인공 지능을 만들려는 이유 중 하나는 인공 지능으로 인간을 대체하기 위해서라고 할 수 있다. 생각하는 기계가 사람을 대신하는 것이 적절한 경우는 어떤 것이 있을까? 원자로 내부의 점검 및 보수처럼 인간과 같은 수준의 지능이 필요하면서도, 사람이 행하기에는 너무 위험하거나 불가능한 작업을 생각해 볼 수 있다. 혹은 중환자를 간호하는 경우처럼 지치지 않는 체력과 일체의 실수를 허용하지 않는 주의력이 필요한 작업도 떠오른다.

하지만 인간을 완전히 대체한다는 것은 쉬운 일이 아니다. 과연 완전한 대체가 가능한가 하는 질문에는 여러 가지 관점이 얽혀 있다. 첫째, 인간과 구분이 불가능한 지능이란 무엇인가라는 정의에 대한 문제가 있다. 환자의 간호를 인공 지능을 탑재한 로봇에게 맡긴다고 할 때, 해당 인공 지능은 타인의 감정을 이해하고 공감할 줄 아는 능력까지 가져야 하는가?

둘째, 독자적인 결정을 내릴 수 있는 인공 지능이 사회 구성원으로 존재한다면, 이들 또한 윤리 및 사회적 책임을 져야 하는가? SF에서나 물을 법한, 너무 앞서 나가는 질문이라고 생각할지 모르겠지만 천만의 말씀이다. 최근 구글이 개발 중인 자동 운전 자동차가 상용화되기 위해서 남은 과제 중 가장 큰 걸림돌 중 하나가 사고 발생 시 법적인 책임 소재의 문제라는 점을 상기해 보자. 또 2006년 런던 증시 거래량 중 40%가 사람의 승인을 거치지 않은, 자동화된 알고리즘 트레이딩 프로그램이 수행한 것이었다고 한다. 컴퓨터가 행한 거래가 누적되어 증권 시장에서 비롯된 경기 변화가 발생할 경우, 여기에 대한 사회적 책임은 누구에게 물어야 할까? 또 다른 치명적인 문제로는 미국이 이미 중동에서 사용한 적이 있는 무인 항공기Unmanned Aerial Vehicle를 들 수 있다. 지금은 원격 조종으로 전투에 투입되는 무인 항공기가 가까운 미래에 작전 중 독자적인 결정을 내릴 수 있는 수준에 도달하리라는 전망을 접하고 나면 인공 지능과 윤리의 관계를 고민하는 것이 이미 너무 늦은 것은 아닌가 하는 생각이 든다.

셋째, 인간을 대체할 만한 인공 지능의 개발은 이미 충분한 경제 개발을 이룩한 제1세계에서 이루어질 확률이 가장 높다는 점을 고려할 때, 기계로 인간을 대체하는 것은 경제 윤리에 부합하는 행위인가?

한 가지 다행인 점은, 현재 시점에서 인간을 대체할 만한 강한 인

원격으로 조종되는 무인 항공기. 만일 전투에 투입된 무인 항공기가 독자적으로 작전을 결정하고 수행한다면, 이에 따른 윤리적 문제는 어떻게 해야 할까?

공 지능은 실현될 확률이 가장 낮다는 점이다. 하지만 앞서 거론한 문제들은, 강한 인공 지능이 아니라 반복 작업만을 수행하는 간단한 기계일 때도 정도의 차이가 있을 뿐 똑같이 발생할 수 있다는 점을 기억해 두자.

자연 지능을 돕는 인공 지능

인공 지능 연구의 목표는 인간의 지능을 보완하기 위해 인공 지능 연구를 한다. 해석을 조금 보태자면 인간다운 생각은 인간이 가장 잘하고 컴퓨터가 잘하는 일은 따로 있으니 이를 전적으로 받아들이고 컴퓨터만 수행할 수 있는 약한 인공 지능 연구를 발전시키자는 입장이다. 가장 널리 알려진 인공 지능 교과서 중 하나인 《인공 지능: 현대적 접근Artificial Intelligence: A Modern Approach》(3판, 2009)에서 저자인 스튜어트 러셀Stuart Russel과 피터 노빅Peter Norvig은 다음과 같이 말한다.

> “ ‘인공 비행’을 향한 모험은 라이트 형제를 비롯해 다른 발명가들이 새처럼 날개를 펄럭이는 것을 멈추고, 대신 공기 역학을 배우기 시작하면서 성공했다. ”

다시 말하면 ‘인공 비행 기계’인 비행기가 새 흉내를 내면서 날개를 펄럭이지 않는데, 컴퓨터가 왜 사람 흉내를 내면서 ‘생각’을 해야 하느냐는 반문이다. 실제로 기계 학습과 같은 인공 지능 기술이 보이지 않는 곳곳에서 얼마나 많이 적용되어 있고 얼마나 성공했는지를 생각해 보면 분명 의미 있는 지적이다. ‘빅 데이터’라는 키워드를 모르는 사람이 없을 만큼 알려진 지금, 이를 떠받들고 있는 각종 인공 지능 기술들은 생각이라고는 할 줄 모르는 반복 작업을 계속할 뿐이지만 그럼에도 불구하고 그 어느 때보다 폭발적인 인기를 누리고 있다. 이른바 ‘현대적 접근’의 실용적인 가치는 충분히 증명된 셈이다.

하지만 이것만이 인공 지능의 전부라고 딱 잘라 말하기에는 어딘지 아쉬움이 남는다. 유용한 일을 하기 위해서 컴퓨터가 꼭 생각을 할 필요가 없다는 말도 맞지만, 그렇다고 컴퓨터가 생각을 하는 것은 불가능하다는 증명이 이루어진 것도 아닌 마당에 생각을 하면 안 된다는 법도 없지 않은가? 어쩌면 문제의 핵심은 이름에 달린 것인지도 모른다. 진정한 '생각'이 아닌 빠른 계산의 집적일 뿐인 어떤 과정에다가 '지능'이라는 이름을 붙이는 데서 오는 거부감 말이다.

여전히 비밀에 싸인 우리의 뇌

퓰리처상 수상작인 《괴델, 에셔, 바흐: 영원한 황금 노끈》으로 유명한 인공 지능 연구자 더글러스 호프스태터는 다음과 같은 질문을 던진다.

> 딥 블루가 체스를 잘 두는 건 알겠는데, 그래서 뭐? 딥 블루가 사람이 체스를 어떻게 두는지를 조금이라도 설명해 줬는가? (딥 블루가 물리친 인간 그랜드마스터인) 게리 카스파로프가 체스판을 머릿속에 어떻게 그리고, 어떻게 이해하는지 조금이라도 더 알게 됐느냔 말이다.
>
> – 〈애틀랜틱The Atlantic〉(2013, 11월호)

호프스태터에 따르면 인공 지능 연구의 목표는 지능 그 자체를 더 잘 이해하는 데 있으며 이 목표와 관계없는 기술, 다시 말해 실용적 가치를 최우선시하는 현대적 접근은 대부분은 모두 돌아가는 길에 불과하다. 이 견해는 소수 의견에 속하지만 경청할 만한 가치가 있다. 호프스태터는 1979년 《괴델, 에셔, 바흐》를 쓴 이후 주류 인공 지능 연구와 의도적으로 거리를 두었고, 지금은 자신의 작업을 인지과학Cognitive Science이라고 부르는 편이 차라리 낫다고까지 말한다. 호프스태터의 이런 반응은 인공 지능이라는 이름 아래 발표된 연구의 상당수가 실제로 지적인 요소는 하나도 성취하지 못했으면서도 언론을 통해 결과를 부풀려 전하는 행위에 대한 강한 반발인 면이 크다.

하지만 그가 《괴델, 에셔, 바흐》를 출간한 뒤 행한 연구의 궤적을 따라가 보면 주류 인공 지능 연구와 크게 다른 접근 방법을 취하고 있음을 알 수 있다. 호프스태터 그룹이 행하는 연구의 대부분은 언뜻 보기에 "이런 걸로 인공 지능을 연구할 수 있을까?" 싶을 만큼 간단해 보이는 문제이다. 마치 지능 검사 시험지에 나올 법한 질문들, 예를 들어 '1, 1, 2, 1' 다음에 오는 숫자는 무엇인가• 라든지 'a, b, c'가 'a, b, a'로 변했다면 'i, j, k'는 무엇으로 변해야 하는가•• 하는 등이 연구의 주제다. 문제 자체가 매우 간단하다는 점에서 지능 전반보다는 지능을 구성하는 하위 요소에 집중하는 한편, 정답이 정해져 있지 않은 열린 문제를 택함으로써 가정, 유추, 비유와 같이 뇌의 고차원적인 작동 원리를 탐구하는 것이 특징이다. 호프스태터 그룹이 개발한 인공 지능 알고리즘들은 결코 사람보다 문제를 더 잘 풀기 위해 만들어진 것이 아니다. 이 그룹의 목표는 우리 뇌가 특정한 문제를 푸는 방식은

• 첫 숫자 네 개만을 보고 이 문제에 답하는 것은 매우 어려운 일이다. 너무 많은 가능성이 열려 있기 때문이다. 만약 다섯 번째 숫자가 3이라면 11/21/31/41……과 같은 수열을 생각해 볼 수 있겠지만 반대로 다섯 번째 숫자가 2라면 1/12/123……과 같은 수열을 생각해 볼 수도 있다. 점차 더 많은 숫자가 주어짐에 따라 우리 뇌는 빠른 속도로 다양한 가설을 시험하고 더 그럴듯한 답에 가산점을 부여한다. 호프스태터의 프로그램 Seek-Whence는 이런 문제 해결 과정을 모델링한 알고리즘이다.

•• 이 문제 역시 열린 구조를 가지고 있다. 'a, b, c'에서 'a, b, a'로의 변화를 어떤 맥락에서 파악하느냐에 따라 'i, j, k'가 어떻게 바뀌어야 하는지가 결정되기 때문이다. 흔히 생각해 볼 수 있는 답은 'i, j, i'일 것이다(가설: 세 번째 글자가 첫 번째 글자로 바뀐다). 하지만 관찰된 변화를 글자 그대로 해석해서 'i, j, a'라고 할 수도 있다(가설: 세 번째 글자가 a로 바뀐다).

이러이러하지 않을까 하는 가설을 가지고 뇌의 작동 과정을 모델링하는 것이다. 생물학자들이 오래전부터 신경/인지 현상을 표현하기 위해 알고리즘의 형태를 빌려왔다는 점을 생각해 보면 인공 지능을 통해 자연 지능(인간의 뇌)을 이해한다는 기획은 조금 늦은 감마저 있다.

우리를 닮은 인공 지능은 가능할까?

무엇보다 인공 지능 연구자에게 동기를 부여하는 것은 끝없는 궁금증이다. 과연 인공 지능은 가능한가? 인간은 스스로를 닮은, 혹은 능가하는 인공적인 존재를 창조할 수 있는가? 스스로와 닮은 무언가를 만들려고 하는 것은 어쩌면 최첨단의 기술을 훌쩍 뛰어넘는, 보다 원초적이고 근원적인 욕구일지도 모른다. 재료가 프로그래밍 언어, 알고리즘, 그리고 컴퓨터일 뿐, 인공 지능을 만들려는 우리의 노력은 원시 인류가 점토로 사람의 모양을 빚은 것과 근본적으로 같은 것일까? 아니면 단지 제2, 제3의 구글을 만들려는 성공에 대한 추구일 뿐일까?

앞에서 살펴본 이유들 중 처음 두 가지 갈래는 강/약 인공 지능 연구와 궤를 같이 하는 반면, 세 번째 이유는 신경/인지과학과 밀접한 관계가 있다. 하지만 여기서 다룬 이유들이 서로 배타적으로만 적용되어야 한다는 법은 없다. 초기의 난관에도 불구하고 강한 인공 지능 연구는 완전히 멈추지 않았다. 물론 강한 인공 지능으로 향하는 길이 자연 지능에 대한 더 깊은 이해와 촘촘히 엮여 있다는 점을 의심할 사람은 별로 없을 것이다. 또한 약한 인공 지능 연구에서 얻어진 수많은 결과물 역시 궁극적으로는 완전한 인공 지능에 기여할 수 있을 것이다. 자연 지능의 이해에 대한 다른 분야의 연구는 또 어떤가? 생물학자들과 신경과학자들은 이제 겨우 인간의 뇌가 정확히 어떻게 작동하는지 정밀하게 살펴볼 수 있는 도구(강력한 MRI 장치와 여기서 나오는 엄청난 양의 자료를 해석할 수 있는 컴퓨터의 도움)를 갖추게 됐을 뿐이다. 본격적인 연구는 이제부터라고 할 수 있는데, 인간의 뇌를 좀 더 잘 이해하게 되면 인공 지능 연구 또한 획기적인 전환점을 맞게 될지도 모른다.

특이점

레이 커즈와일Ray Kurzweil• 이 발명한 광학 문자 인식(OCR)은 (인공 신경망을 설명할 때 예로 든 것과 같이) 인쇄된 혹은 손으로 쓴 글자의 이미지에서 글자를 인식하는 기술을 이용해 책을 읽어 주는 기기였다. 이를 가장 처음 구입한 사람은 시각 장애인 가수 스티비 원더다. 이후 커즈와일과 절친한 사이가 된 스티비 원더는 신시사이저로 내는 악기 소리가 전통적인 악기 소리만 못하다고 커즈와일에게 불평을 했다. 커즈와일은 이를 계기로 커즈와일 뮤직 시스템을 만들게 되었다. 커즈와일의 K250 신시사이저는 그랜드 피아노의 소리를 완벽하게 재현했고, 연주자들과 블라인드 테스트를 진행했을 때 구별이 불가능했다고 한다.

• 레이 커즈와일(1948~)은 미국의 발명가이자 미래학자이다. 커즈와일이란 이름이 낯설지 않다고 느껴지는 독자가 있다면, 아마도 그가 창업한 신시사이저 제조회사 커즈와일 뮤직 시스템을 한국의 한 악기 제조사가 인수했기 때문일 것이다.

물론 우리가 이 책에서 관심을 가지는 것은 스티비 원더의 친구로서의 커즈와일이 아니라 OCR 기술을 다듬은 발명가 그리고 기술의 미래에 대해 여러 번 정확한 예측을 한 미래학자로서의 커즈와일이다. 그가 한 예측들은 꽤 많이 들어맞았다. 월드 와이드 웹(world wide web: www)이 아직 연구자들만의 장난감이던 시절 이미 폭발적인 웹의 성장을 예측했고, 지금은 거의 실용화 단계에 와 있는 로봇 의족/의수나 자동 운전 자동차도 오래전에 언급했다. 1990년에는 1998년 이전에 컴퓨터가 체스 세계 챔피언을 이길 것이라고 예측했는데, 놀랍게도 1997년 딥 블루가 카스파로프에게 승리를 거뒀다.

하지만 미래학자로서 커즈와일이 남긴 예측 중 가장 유명한 것은 단연코 특이점, 이른바 기술적 특이점Technical Singularity에 대한 것이다. 기술적 특이점이란 기계, 특히 인공 지능이 인간의 지능을 능가하는 역사적 시점을 가리킨다. 존 폰 노이만이 이 개념을 묘사하면서 특이점이라는 용어를 처음 사용했다. 그는 1958년에 "점점 빨라지는 기술적 진보와 생활양식의 변화 속도를 보면 인류의 역사가 어떤 특이점에 접근하고 있다는 인상을 받는다. 이 시점 이후 인간의 역사가 지금 우리가 이해하는 형태로 계속될 것인지는 알 수 없다"라고 말했다.

이후 수학자이자 SF 작가인 버너 빈지가 노이만이 지적한 변화의 시점을 인공 지능의 발전과 결합시켜 유명해졌다. 빈지와 커즈와일은, 특이점은 인간을 초월하는 인공 지능이 태어나는 시점에 벌어지며, 인간은 자신을 초월하는 인공 지능이 어떤 의도를 가질지 짐작할 수 없기 때문에 특이점 이후의 세계가 어떤 모습일지 상상하는 것은 불가능하다는 입장이다.

그럼 영화 속 이야기처럼 들리는 이 기술적 특이점은 언제 벌어질까? 빈지는 2030년 이전이라고 예견하는 반면, 커즈와일은 특유의 정확도로 2045년이라고 한다. 2012년 인공 지능 연구자들의 모임인 특이점 회의Singularity Summit에서 참석자들의 의견은 다양했지만 중간 값은 2040년을 가리켰다고 한다. 단어가 지닌 엄청난 의미를 생각해 보면 생각보다 그리 멀지 않은 미래이다.

인공 지능을 위한 원시 수프

원시 수프Primordial Soup는 생명 탄생의 기원을 설명하기 위해 러시아의 과학자 알렉산드르 오파린Alexander Oparin(1894~1980)이 내놓은 가설이다. 원시 수프 가설에 따르면 초기 지구의 대기는 환원적• 이었고, 여기에 다양한 에너지가 더해져 간단한 형태의 유기물 단위체monomer가 먼저 형성되었다. 이들 유기물 단위체들이 몇몇 지역에 높은 농도로 밀집되어 수프를 형성했고, 여기서 점진적으로 더 복잡한 유기물이 생성돼서 결국에는 생명체의 발현에 이르렀다는 이론이다. 시간 여행을 하지 않고서는 진위를 확인하기가 쉽지 않은 가설이지만, 특이점을 불러일으킬지도 모르는 인공 지능 탄생의 가능성을 점쳐 보기 위해 잠시 오파린의 이론을 빌려와 보자. 정말 인간과 동등한, 혹은 인간을 능가하는 인공 지능이 탄생한다면 어떤 수프 안에서일까?

• 산소를 더하는 산화 과정보다는 산소를 빼앗는 환원 과정이 더 일어나기 쉬운 대기였다는 뜻이다.

인터넷과 디지털 데이터 직접적인 경험과 학습의 중요성은 인공 지능 연구 역사에서 반복적으로 지능의 핵심적인 존재 요건으로 지목돼 왔다. 그렇다면 지금까지 인류가 축적한 대부분의 지식과 그리고 앞으로 생산해 낼 지식이 컴퓨터가 쉽게 이해할 수 있는 형태인 디지털 데이터로 존재한다는 사실은, 인공 지능의 탄생을 위한 훌륭한 조건이다. 인터넷은 단순히 사실 관계에 대한 정보를 쉽게 습득할 수 있는 정적인 데이터베이스 이상의 의미가 있다. 인터넷은 인류의 실제 경험이 실시간으로 교환되는 가상 공간이기 때문이다. 예를 들어 인공 지능의 분야인 자연 언어 처리에서 인터넷 및 디지털 포맷을 통해 거의 무한한 크기의 말뭉치, 즉 사람들이 실제로 일상에서 사용하는 언어의 용례에 접근할 수 있다는 점은 자동 번역 기술 등이 획기적으로 발전하는 토대가 되었다. 사람들의 의견이 실시간으로 교환되는 트위터와 같은 SNS(Social Networking Service)는 지금 이 순간 사람들이 어떤 생각을 하고 있고 무엇에 가장 관심이 있는지를 알려 주는 정보원이 된다. 인터넷은 예전 같으면 인공 지능 연구자가 임의로 모델링해야 했을 지식의 많은 부분을 상상을 초월하는 양의 데이터를 이용해 학습할 수 있게 해준다. IBM의 왓슨은 이미 오파린이 말하는 원시 스프 단위체 이상의 복잡도에 도달했다고도 할 수 있다.

클라우드/모바일 컴퓨팅 클라우드 컴퓨팅, 즉 대규모의 컴퓨터 서버를 한 군데 집적해 둔 뒤에 네트워크를 통해 그 연산 능력을 사용하는 구조는 모든 사람이 소형 컴퓨터와 마찬가지인 스마트폰을 들고 다니는 모바일 컴퓨팅 환경과 결합해 인공 지능의 물리적 존재 양상에 큰 영향을 줄 것이다. 상상할 수 없는 규모의 연산 능력을 클라우드에 구비한 뒤, 모바일 기기를 통해 어디서나 접근할 수 있기 때문이다. 누벨 AI가 주장하는 물리적 환경의 직접적인 경험이라는 측면에서도 클라우드와 모바일의 결합은 중요한 의미를 가진다. 클라우드에 존재하는 인공 지능이 모바일 기기에 탑재된 각종 센서를 이용해 직접 움직이지 않고도 실제 세계를 감지할 수 있는 길이 열리기 때문이다. 지금도 스마트폰에서 구글 검색을 이용할 경우, 구글은 스마트폰의 GPS를 이용해서 사용자의 위치를 파악한 뒤 클라우드에 보유한 막대한 양의 지식 그래프Knowledge Graph로 위치 정보까지를 고려한 검색 결과를 보여 준다. 집적된 연산 능력인 클라우드와, 모바일을 통해 분산된 센서가 지능적으로 협업하는 단위체라고 볼 수 있다.

신경과학의 발달 뇌의 작동 기제를 이해하려는 신경과학자들의 노력은 진일보한 뇌파 측정 기술과 결합해서 빠른 속도로 성과를 내고 있다. 뉴런 단위에서 인간의 뇌가 작동하는 방식을 더 잘 이해할 수 있다면, 이미 인공 신경망과 같은 기술을 이용하고 있는 인공 지능 연구에도 큰 도움이 되리라는 것은 분명하다. 미국과 유럽연합이 이미 경쟁적으로 대규모 뇌과학 프로젝트에 투자를 시작했으므로, 여기서 나오는 결과물이 인공 지능의 탄생을 위한 단위체가 될 수도 있을 것이다.

물론 여기에 열거한 점 이외에 지금까지 축적된 인공 지능 연구의 총체는 모두 단위체 혹은 그 이상으로 복잡한 유기물에 해당하는 역할을 할 것이다. 이 수프에서 정말 인공 지능이 탄생한다면 언제, 그리고 누구에 의해서일까? 여기서 인공 지능을 위한 원시 수프의 재료로 세 가지를 꼽았는데, 이 중 두 가지가 IT와 관련된 것이다. 이는 필연적으로 한 기업의 이름을 떠올리게 한다. 바로 구글이다.

'인공 지능' 맨해튼 프로젝트

최근 구글이 보인 움직임 중 가장 두드러진 것은 로봇 공학과 인공 지능 기술을 가진 회사들을 사들인 것이다. 인공 지능과 관련해서 보면, 영국의 첨단 기계 학습 스타트업 회사인 딥마인드DeepMind와 DNN리서치DNNResearch를 인수한 것은 물론, DNN리서치를 이끌던 심화학습 이론의 세계적 권위자 제프 힌턴Geoff Hinton을 고용했다. 이어서 2013년 구글은 로봇 공학 회사만 8군데를 인수했는데,• 그중에는 미국 국방부와 함께 군사용 4족 로봇 빅독BigDog을 개발하던 보스턴 다이내믹스Boston Dynamics도 포함됐다. 이 엄청난 합병 규모의 면면을 살펴볼 때, 구글의 목표가 단순히 검색 결과를 좀 더 지능적으로 만드는 것을 넘어 실제 세계와 상호작용할 수 있는 로봇에까지 닿아 있다는 점은 의심의 여지가 없어 보인다. 2013년 구글의 공학 감독director of

• 구글이 인수한 로봇 공학 기업으로는 봇앤돌리Bot&Dolly(로봇 카메라), 레드우드 로보틱스Redwood Robotics(로봇 팔), 메카 로보틱스Meka Robotics(로봇 시스템), 샤프트Schaft Inc.(휴머노이드 로봇), 홀롬니Holomni(로봇 바퀴) 등이 포함되어 있다.

군사용 4족 로봇 빅독. 150kg 가량의 짐을 지고 다양한 지형을 넘어지지 않고 걸을 수 있으며 넘어져도 스스로 일어설 수 있다. 보스턴 다이내믹스가 공개한 빅독 영상 자료는 다음을 참조하라. https://www.youtube.com/watch?v=cNZPRsrwumQ

engineering에 취임한 레이 커즈와일이 이 거대한 프로젝트를 진두지휘하고 있다. 구글이 조합한 팀은 마치 "인공 지능을 위한 맨해튼 프로젝트"• 처럼 보이며 인공 지능이 구현된다면 이들이 이뤄낼 가능성이 높다.

'구글이 곧 인터넷'이라는 말이 있을 정도로 구글은 인터넷의 하부 구조에 깊이 관여하고 있고, 세계 최고 수준의 클라우드 및 모바일 컴퓨팅 기술을 보유하고 있다. 따라서 구글은 앞서 열거한 원시 수프의 재료 중 IT 회사가 갖출 수 있는 두 가지를 모두 지닌 셈이다. 지금까지의 연구가 밝혀낸 바로 미루어볼 때, 인간과 동등하거나 인간을 뛰어넘는 특이점 이후의 인공 지능은 엄청난 규모의 연산 능력을 필요로 할 것이다. 구글이라면 그런 '규모의 경제'를 이룩할 수 있겠지만 구글은 본질적으로 이익을 추구하는 영리 기업이다. 그렇기 때문

• 맨해튼 프로젝트란 2차 세계 대전 당시 미국의 원자 폭탄 개발 프로젝트로 연구 책임자인 로버트 오펜하이머를 비롯해 당대 최고의 물리학자들이 참여했다. 최근 이러한 구글의 행보와 관련해 딥마인드사에 투자했던 한 관계자가 이를 비유해 한 말이다. "딥마인드, 구글 검색 팀과 긴밀히 협업하기로," 온라인 잡지 〈re/code〉 http://recode.net/2014/01/27/more-on-deepmind-ai-startup-to-work-directly-with-googles-search-team/

에 구글이 인간 수준의 인공 지능을 원하는 것은 일차적으로는 자사의 매출 중 가장 큰 부분을 차지하는 온라인 광고를 더욱 효과적으로 집행하기 위해서일 것이다. 하지만 구글의 입장이 어떠하든 간에 인공 지능 역사에 있어 세 번째 낙관의 시대를 구글이 이끌고 있다는 점은 분명해 보인다.

인공 지능의 미래

인류는 정말 기술적 특이점을 경험하게 될까? 답하기 힘든 문제이다. 이 책을 통해 여러 번 살펴보았듯이, 우리가 지금까지 보아 온 인공 지능이란 사실 인간에 의해 작성된 프로그램이 빠른 속도로 실행되며 방대한 데이터를 참고해 기계적으로 행동하는 것에 지나지 않는다. 과연 인공 지능이 즉흥성, 창의성, 개성과 같은 특징을 갖추고 나아가 자의식을 가질 수 있을까? 쉽게 '예'라고 답하기엔 조심스럽다. 자의식이 영혼이나 영성과 같은 종교 혹은 신비주의의 영역에 있다고 믿기 때문이 아니다. 인간이 가지는 자의식의 구조와 작동 방법도 이해하지 못하는 상황에서 어떻게 인공 지능에 자의식을 부여할 수 있는지에 대해 답하기는 어렵다. 비록 미약한 추측이라도 말이다. 과연 점점 더 커지고 복잡해지는 인공 신경망에게 우리가 모을 수 있는 모든 지식을 학습시키다 보면 어느 순간 자기 자신의 존재를 자각하게 될까? 신경과학자 크리스토프 코흐Kristof Koch는 자의식은 일정 수준 이상으로 복잡한 모든 네트워크에 존재한다는 이론을 펴기도 한다. 일찍이 데카르트는 "나는 생각한다, 고로 존재한다"고 말했다. 자의식은 의심의 여지없이 누구에게나 존재하는 것인데, 정작 우리의 정신을 이용해 자의식의 작동 방법에 대해 명확한 답을 얻기가 힘들다는 것은 묘한 아이러니다.

인공 지능이 앞으로도 꾸준히 발전할 것이라는 데는 의심의 여지가 없다. 설사 영영 인간의 지능을 능가하지는 못한다 할지라도 말이다. 지금 우리가 사용하는 컴퓨터 소프트웨어의 대부분은 일단 작성되면 그 기능이 바뀌지 않으며, 대부분 반복적인 작업을 빨리 처리하는 것을 목표로 만들어졌다. 모든 소프트웨어가 지금보다 지능적이 되어 사용자의 사용 패턴과 의도를 이해하고, 거기에 맞게 변화하며, 수동적으로 사용되는 데 그치는 것이 아니라 사용자와 상호작용해서 '함께' 문제를 풀어 나갈 수 있다고 생각해 보자. 이것은 결코 허황된 꿈이 아니다. 어쩌면 특이점을 지난 뒤 인공 지능이 인류를 말살하려 들 것이라는, 수많은 SF 영화들이 제시하는 가상의 시나리오보다 훨씬 더 현실적인 목표이다. 컴퓨터가 가진 지능이 어느 정도 수준이건 간에, 인류와 인공 지능이 서로 도우며 평화롭게 공존하는 미래를 꿈꿔 본다.

인공 지능의 윤리

미래의 인공 지능 연구는 대규모 연산 능력과 방대한 자료를 바탕으로 한 기계 학습에 기반하고 있다. 구글은 두 가지 모두를 동원할 능력이 있을뿐더러, 보다 똑똑한 인공 지능을 보유했을 때 큰 이익을 본다는 동기마저 확실하다. 제아무리 '사악해지지 말자Don't be evil'를 모토로 삼고 있다고 하더라도 구글은 이익을 추구하는 기업이다. 인공 지능 연구가 기업에 의해 이루어진다는 것은 무슨 의미일까? 인류가 기술적 특이점을 마주했다고 하자. 인공 지능이 대학 연구소에서 태어난 것과 막강한 인터넷 기업에서 태어난 것 사이에는 어떤 차이가 있을 수 있을까?

옥스퍼드 대학의 철학자 닉 보스트롬Nick Bostrom은 현재 인공 지능 연구가 특이점을 향해 달려가는 경쟁력만을 강조하고 이를 어떻게 통제할 것인가 하는 문제는 등한시한다고 지적한다. 레이 커즈와일 같은 기술주의자들은 특이점 이후에 무슨 일이 벌어질지는 알 수 없다는 입장이다. 하지만 어떻게든 인공 지능의 성능을 높여보려고 하는 것도 이들 기술주의자들이다.

학자들보다 먼저 이 문제를 꿰뚫어 본 것은 저명한 SF 작가인 아이작 아시모프Isaac Isimov다. 아시모프는 자신의 로봇 연작을 통해 '로봇 공학의 제3원칙'이라는 가상의 규칙을 소개했다. (1) 로봇은 인간을 해치거나, 인간이 해를 입도록 방조해서는 안 된다. (2) 로봇은 인간의 명령에 복종해야 한다. 단, 명령이 제1원칙에 위배될 때는 예외로 한다. (3) 로봇은 자신의 존재를 보호해야 한다. 단, 보호가 제1, 2원칙에 위배될 때는 예외로 한다.

이른바 '윤리적 로봇' 운동을 이끌고 있는 영국의 철학자 앨런 윈필드Alan Winfield는 아시모프의 세 가지 원칙을 기반으로 해서 로봇 공학자들을 위한 윤리 가이드라인을 제시한 바 있다. 로봇이나 소프트웨어가 점차 더 자율적인 행동을 하게 되면서, 윤리 및 책임 문제의 중요성은 점차 커질 것이다. 진정으로 인공 지능의 힘과 기술적 특이점의 도래 가능성을 믿는다면 인공 지능을 위한 윤리라는 문제를 탁상공론으로만 치부할 수는 없는 일이다.

환원주의는 복잡한 사상이나 개념을 더 낮은 단계의 요소로 세분화하면 더 명확하게 정의하거나 이해할 수 있다는 접근법이다. 인공 지능을 다룬 이 책을 쓰면서 내가 가장 집중적으로 고민했던 부분은 '과연 지능을 환원주의를 통해서 이해할 수 있는가'라는 점이었다.

우리의 뇌는 수많은 뉴런(신경 세포)으로 구성돼 있고, 그것들의 연결망(네트워크)을 통해 기능한다. 지능은 바로 이러한 구조를 가진 뇌의 활동이라고 할 수 있다. 즉 각각의 뉴런이 어떻게 연결되고 활성화되느냐에 따라 외부 세계에 대한 감각, 사실을 종합하는 인식, 추상적 사고, 심지어 감정과 마음까지도 결정된다고 여겨진다.

하지만 뉴런이라는 생물학적 기제를 아무리 자세히 들여다본들 '지능'과 나아가 '마음'의 본질에까지 이를 수 있을까. 설사 뉴런과 그 연결망들의 역학dynamics을 물리학적, 생물학적 법칙으로 설명할 수 있다손 치더라도 인간의 지능과 의식이 그것들로 다 설명이 될 수 있을까.

안타깝게도 감히 "그렇다"고 답하지 못하겠다. 현상을 법칙으로 나타내고 이해하는 일을 업으로 삼는 과학자는 기본적으로 '환원주의적 입장'에 동조한다고 할 수 있다. 명색이 과학자인 나도 지능을 환원주의적으로 설명하려는 유혹을 강하게 느낀다. 하지만 아직은 확신이 들지 않는다는 게 솔직한 고백이다.

지능이 초자연적인 현상이라고 생각해서가 아니다. 지능을 철저히 환원주의적으로 설명하기에는 우리가 아직도 모르는 것이 너무나 많기 때문이다. SF 작가인 아서 C. 클라크는 "충분히 발달한 기술은 마법과 구분하기 힘들다"라는 유명한 경구를 남긴 바 있다. 인간의 지능은 오랜 진화 과정을 통해 엄청나게 '충분히 발달한 기술'과 같은 것이 돼 버렸다. 지능에 대해 곰곰이 생각하면 할수록 '마법' 같아 보이는 면이 적지 않다. 우리는 아직 그 미지의 대상에 들어갈 수 있는 제대로 된 열쇠를 손에 넣고 있지 못하다.

지능 자체에 대한 이해가 이러할진대, 그 지능을 '인공적으로 구현하겠다'는 발상은 건방진 것을 넘어 지극히 무모한 허풍인지도 모른다. 그러나 우리의 지능에는 바로 그러한 무모한 호기심이 내장돼 있다. 어쩌면 그런 점이야말로 우리가 아직도 지능의 문턱을 넘어서지 못한 까닭인지 모르겠다. (나아가 '지능'으로 '지능'을 이해하려는 '자기 지시적self-referential' 특징도 지능 연구가 갖는 또 다른 어려움일 것이다.)

그러나 인공 지능에 대한 연구는 반세기 넘어 면면히 이어져왔다. 이 책에서도 소개했듯이 한때는 장밋빛 전망으로 연구자들을 들뜨게

하기도 했으나, 그런 희망은 잠시, 몇 차례의 암흑기가 겨울이 돌아오듯 주기적으로 찾아와 기를 꺾어 놓기도 했다.

그런 희망과 절망을 오가는 사이에 오늘날 우리는 적잖은 성과를 손에 쥐게 되었다. 특히 컴퓨터 하드웨어의 비약적인 발전과 인터넷이라는 '데이터의 보고'가 등장하면서 스스로 학습을 할 수 있는 '지능의 맹아' 단계까지 다다른 게 현실이다. 특히 세계적인 검색 엔진 업체인 구글은 최근 '사람처럼 읽고 쓰고 생각하는 기계'를 만들겠다는 야심 찬 계획을 밝히면서 적지 않은 돈을 투자하겠다고 발표했다.

이 책에서 나는 인공 지능 연구의 부침浮沈, 연구 과정에서의 우여곡절, 소소하지만 중요한 성과들을 소개하면서 인공 지능의 과거와 현재, 미래를 보여 주고자 했다. 그래서 구글과 같은 업체들이 '인간을 닮은 지능'을 내놓겠다고 할 때 그런 포부가 어디에 근거해서 나오는 것인지 독자들이 판단할 수 있도록 기본적이고 이론적인 기초를 제공하고자 했다. 이 목표가 얼마나 성공했는지는 독자 여러분의 판단에 맡기겠다.

각각의 학문이 무엇을 다루는지가 비교적 잘 정리된 기초 자연과학에 비하면 인공 지능 연구는 좋은 의미에서 그야말로 '뒤죽박죽'이다. 인공 지능은 기본적으로 컴퓨터 과학에 뿌리를 두고 있다. 하지만 넓은 의미에서는 철학적인 질문과 닿아 있다. 또한 '자연 지능'을 이해하는 것은 생물학, 심리학, 언어학, 신경과학 등 제반 주변 학문들의 도움을 필요로 한다. 어떻게 보면 지능을 이해하고 구현하는 데 필요해 보이는 이론과 기술이라면 주저하지 않고 빌려오는 분야가 인공 지능 연구라 해도 과언이 아니다.

다른 한편으로는 이 책에서 설명한 '분할 뒤 정복' 패러다임에 따라 연구 분야가 세분화돼 발전해 오고 또 그런 방향으로 발전하고 있는 것이 인공 지능 분야다. 자연 언어 처리, 시각 인식, 음성 인식, 논리적 추론, 기계 학습 등등이 독립된 분과로 성장했다고 할 수 있다.

인공 지능을 분명히 이해하기 위해서는 이런 세밀한 분과 학문들과 언어학, 심리학, 철학 등 포괄적인 학문을 제대로 품을 수 있을 때 가능할 것이다. 그러나 이 책은 일반 독자를 대상으로 한 교양서인 만큼 인공 지능의 큰 흐름을 이해하는 데 도움이 되리라 여겨지는 몇 가지 핵심 개념들을 쉽게 전달하는 데 초점을 맞추었다.

엄밀히 말하면 나는 인공 지능 자체를 연구하는 학자이기보다 그 중의 몇 가지 방법론을 빌려 와서 문제의 해법을 찾는 소프트웨어 공학자다. 혹여 '진짜' 인공 지능 연구자들에게 누를 끼친 것은 아닐까 염려되기도 한다. 하지만 일반 독자에게는 나처럼 중간자적인 입장이 더 유리할 수도 있다고 스스로를 다독이면서 긴 집필 시간을 버틸 수 있었다. 지금 인공 지능에 대해서는 온갖 설들이 난무하고, 유토피아와 디스토피아적인 전망이 섞여 있는 다소 혼란스러운 상황이다. 모쪼록 이 책이 독자들에게 인공 지능의 이해에 이르는 디딤돌 역할을 할 수 있다면 그동안의 노고가 헛되지 않았다는 작은 보람을 느낄 수 있을 듯하다.

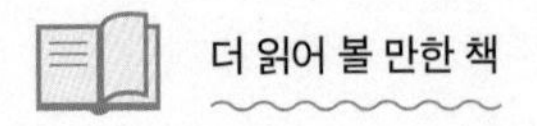

가장 인간적인 인간

The Most Human Human

브라이언 크리스찬Brian Christian 지음 | 최호영 옮김 | 책읽는 수요일 | 2012

컴퓨터 과학과 철학을 전공한 저자가 권위 있는 튜링 테스트 경연 대회인 뢰브너상 대회에 인간 대표로 출전한 이야기를 중심으로 우리를 인간답게 만드는 조건이 무엇인지를 성찰한다.

의식: 현대 과학의 최전선에서 탐구한 의식의 기원과 본질

Consciousness: Confession of a Romantic Reductionist

크리스토프 코흐 지음 | 이정진 옮김 | 알마 | 2014

프랜시스 크릭과 함께 의식에 대한 신경과학적 접근을 시도했고, 지금은 앨런 뇌과학센터를 이끌고 있는 신경과학자 크리스토프 코흐의 대표작. 인공 지능이 아닌 자연 지능 연구의 최첨단을 엿볼 수 있다. 인공 지능이 과연 자의식을 가질 수 있을 것인가라는 질문의 답에 가장 가까운 책이기도 하다.

사진 및 그림 출처

이 책에 실린 사진과 그림들은 본문의 이해를 돕기 위해 사용되었습니다. 사진의 사용을 허락해 주신 분들께 감사드립니다. 각 사진에 대해 잘못 기재한 사항이 있다면 사과드리며, 이후 쇄에서 정확하게 수정할 것을 약속드립니다.

21 Photo by Erik Möller. "Leonardo da Vinci. Mensch – Erfinder – Genie" exhibit, Berlin 2005. | 26 Goethe, *Faust* part II | 27 Illustrations from Joseph Friedrich Freiherr von Racknitz, Karl Gottlieb von Windisch's *Inanimate Reason*(1783) | 37 © Made by User: Euanherk | 61 © 유신 | 66 © Roger McLassus | 67 Photo by User: Kolossos. Technische Sammlungen Dresden | 68 Photo by User: geni. London Science Museum | 87 public domain by BMaurer at English Wikipedia | 96 public domain | 117 An anatomical illustration from Sobotta's *Human Anatomy*(1908) | 122 © Terry Winograd | 147 © James Fitterer | 147 © Wild Hare | 153 © Jeopardy Productions Inc. | 163 © Cynthia Matuszek, Brian Mayton, Roberto Aimi, Marc P. Deisenroth, Liefeng Bo, and Dieter Fox, University of Washington, http://ai.cs.washington.edu/projects/robot-game-playing | 167 "The Alan Turing Internet Scrapbook" by Andrew Hodges | 168 Photo by Tom Yates. Bletchley Park museum | 169 Photo by Erich(Eric) Borchert. German Federal Archives | 170 © Science and Society Picture Library | 188 © 2006 Larry D. Moore | 192 © Steve Jurvetson | 194 *Newsweek*(1997. 5. 5) | 195 © Los Alamos National Laboratory | 197 © 유신(GNU XBoard) | 209 © Intel Corporation | 215 © SSGT REYNALDO RAMON, USAF | 226 © Lance Cpl. M. L. Meier | 22, 23, 42, 71, 72, 83, 99, 136, 138, 140, 142, 144; 그림과 그래프는 저자가 제공한 것을 바탕으로 컬처룩/에디토리얼 렌즈에서 작업한 것입니다.

찾아보기